KB140200

여가와 주거,
일자리를
통합 연계한
여가활동
통계

여가와 주거,
일자리를
통합 연계한

여가활동
통계

장윤정 외 지음

이 저서는 2014년 정부(교육부)의 재원으로 한국연구재단의 지원을 받아
수행된 연구임 (NRF-2014S1A5A2A03066099)

차례

〈표 차례〉

〈그림 차례〉

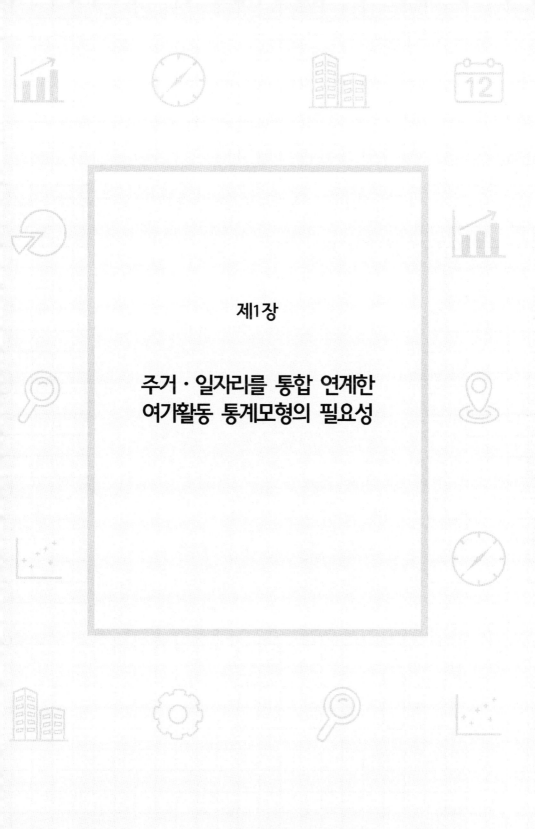

제1장

주거 · 일자리를 통합 연계한 여가활동 통계모형의 필요성

인간이 삶을 영위해가면서 행하는 다양한 활동 중 여가활동은 사람들의 생활과는 뗄 수 없는 일상생활의 일부로 자리 잡아가고 있다. 우리나라의 경우, 2000년부터 2010년 사이의 목적별 통행비율의 변화를 살펴보면 여가·오락·친교를 위한 목적통행이 다른 목적통행에 비해 두드러진 증가를 보이고 있다.[1] 교통부문에서도 여가통행은 중요한 부문으로 인식되고 있는 가운데, 도시공간에서 일어나는 여러 활동들 중 여가활동이 차지하는 비중은 점점 증가하는 추세이다.[2]

2011년 주 5일 근무제의 전면 시행으로 인하여 주말을 이용한 여가활동의 양적 수요는 급속히 늘어났으며, 최근에는 '여가소비의 시대에서 여가기본권의 시대'로의 여가활동 패러다임 시프트가 언급되고도 한다. 한편, 급속한 고령화, 저출산, 1인 가구의 증가로 인한 인구·가구구조의 변화는 도시민의 여가활동 패턴에 영향을 미친다. 이에 여가환경 및 여가공간의 수요, 여가관련 산업 성장에도 변화가 예상되나, 이제까지의 여가정책은 주로 부족한 여가시설의 공급과 여가산업의 양적 성장 등 공급 측면에 치우쳐져 왔다.

여가시설에서 발생하는 여가통행은 여가 산업적 측면에서 주로

---

1) 국토해양부, 한국교통연구원, 2010, 전국여객교통조사 포켓북, 15쪽. 지난 10년 동안 출근 1.9%, 등교 5%로 감소하였으며, 쇼핑 0.8%, 여가·오락·친교 3%로 증가하였음.

2) Lawson, C. T., 2001, "Leisure Travel Activity Decisions: Time and Location Differences", *Transportation Quarterly*, vol.55, no.3, p60.

단편적인 수요예측으로 장기적인 변화를 분석하는 관점에 한계를 보여왔다. 여가시설에서 발생하는 여기통행은 거주지에서 발생하는 여가통행뿐 아니라 일자리에서 발생하는 여가통행으로 구분될 수 있으며, 이는 서로 상호작용하는 구조적 특징을 나타낸다. 이에 거주지의 인구·가구학적 변화와 일자리의 기업생애 주기 변화를 융복합적으로 고려하여 여가시설에 대한 여가활동 패턴을 보다 현실적이고 장기적으로 분석하는 것이 중요하다.

[그림 1-1] **여가와 주거·일자리를 통합 연계한 여가활동 통계모형**

이를 위하여, 본서에서는 제2장에서는 '학제 간 연구로서 여가활동 연구'에 대해 논의하고, 제3장에서는 '주거지 기반의 여가활동'에 대해, 제4장에서는 '일자리 기반의 여가활동'에 대해 논의하고자 한다. 이러한 논의를 통해 급격한 사회변화와 함께 증가하는 여가활동에 대해 가구구조 변화, 기업통계의 통합적 연계를 통한 융합학문으로의 여가연구에 있어 새로운 관점을 제시하고자 한다.

제2장

학제 간 연구로서
여가활동 연구

제1절 행태적 관점에서 본 여가활동 연구

1. 여가활동의 개요

1) 여가활동의 개념 및 분류

우리가 정의하고자 하는 용어 중 가장 포괄적이고 다의적 의미를 지닌 것이 바로 여가(leisure·레저)란 개념이며, 개념규정에 가장 어려움이 뒤따르는 것이 바로 이 개념이다.

레저(leisure)의 어원은 고대 그리스어의 '스콜레(scole)'란 말에서 유래되었다고 한다. 스콜레란 두 가지 의미가 있다고 전해지고 있는데, 첫째는 여분의 시간, 둘째는 영어 스쿨(school)의 어원으로서 연구, 연습, 놀이 등을 뜻한다고 한다. 레저의 어원이 '스콜레'라고 말하여지는 것은 레저가 본래 문화를 창조하는 활동을 뜻하고 있기 때문이다. 또한 레저는 프랑스어의 '리세레(licere)'란 말에서 유래되었다고 한다. 이 말의 뜻은 '허락받는다', '자유로운' 등의 의미를 가진다. 리세레로부터는 다시 프랑스어로 로와지르, 영어로는 라이센스(license)라는 말이 파생되었다고 한다. 이는 원래 '노역의 면제', '공적의무의 면제'를 의미하고 있기 때문에 말하자면 작업이나 업무 등과 같은 일로부터 면제되어 자유로이 할 수 있는 휴양이나 레크리에이션과 같은 활동을 할 수 있는 시간을 의미한다.

일반적으로 여가라고 하면 그 개념 속에는 '시간'개념과 '활동'개념이 함께 포함되어 있다. 먼저 시간개념으로서의 여가에는 하루 24시간이라는 전체 생활시간 가운데서 식사·수면 등의 생리적 필수시간과 노동·가사 등의 구속시간을 빼고 남은 시간 즉 잉여시간이라는 소극적인 의미와, 의무나 구속으로부터 해방되어 자신의 자유재량에 맡겨진 자유로운 시간 즉 좀 더 적극적인 의미의 두 가지 정의가 포함되어 있는 것이다.

여기서 자유시간은 사람이 자신의 자유로운 선택에 의해서 쓸 수 있는 구속받지 않는 시간이므로 사람이 그와 같은 시간을 어떻게 쓸 것인가에 따라 그 시간의 의미는 여러 가지로 달라질 수 있다. 그와 같은 의미에서 볼 때 활동개념으로서의 여가의 의미는 시간개념으로서의 여가의 내용이 어떠한 활동이냐는 활동내용의 질에 따라 분류되어질 수 있다.

따라서 활동개념으로서의 여가에는 자유시간에 행해지는 자유로운 활동이라는 형태로서 '자유'를 강조하는 뜻과 자유시간에 행해지는 창조적인 활동이라는 형태로서 '창조성'을 강조하는 뜻의 두 가지의 의미가 포함되어 있는 것이다. 전자에는 가끔 활동의 내용이나 기능 등이 열거되어 휴식, 기분전환 그리고 자기실현을 위해 임의로 행하는 활동의 총체라고 정의할 수 있겠고, 후자는 은연중에 뭔가 규범적인 가치를 부여한 정의라고 말할 수 있겠다.

이상에서 살펴본 바와 같이 여가는 여분의 시간이지만, 있어도 없어도 좋다는 잉여시간을 말하는 것이 아니라 노동을 위하여 혹은 노동을 포함한 인간생존에 불가결한 의미를 갖는 것으로, 자기재량으로서 자유로이 처분하고 자기향상을 도모하는 기회라는 보다 적극적이고 전진적인 의미를 내포하고 있다.

그렇지만 일반적으로 활동개념으로서의 여가는 자유시간에 행해지는 자유로운 활동이라는 형태로서 '자유'를 강조하는 뜻에서 사용되는 경우가 많은데, 이럴 경우 여가의 기능으로서 휴식, 기분전환, 그리고 자기계발 등이 열거된다.

여가 개념화 작업이 그러하듯이 여가활동 유형화 작업 역시 매우 복잡하고 다양하다. M. Kaplan(1960)에 의해 체계적인 유형화 연구가 시작된 이래 다양한 분류방법이 등장하였다. 가장 많이 사용하는 방법으로는 여가활동에 대한 참여정도(빈도, 유형, 질이나 양 포함)를 근거로 요인분석이나 군집분석을 하여 활동을 분류하는 방법이다. 다른 방법으로는 여가활동을 통해 충족되는 욕구에 따라 분류하는 방법이 있는데, 이는 여가활동을 통해 충족되는 욕구를 휴식, 기분전환, 건강, 시간소일, 자기계발 등의 목적을 위한 활동으로 구분하여 분류한다. 그리고 여가활동의 성격을 판단하는 인식의 차원에 근거하여 개인적, 가족적, 사회적 활동으로 분류하거나 적극적, 소극적 활동으로 분류하는 방법도 있다. 최근에는 이러한 분류기준의 한 가지 이상을 포함하여 여가활동 행태에 따라 분류하고 있다. 그러나 여가활동 행동 주체 입장에서 본다면 구체적인 여가활동이 행해지는 배경이나 목적에 따라 그 유형분류가 상이할 수 있다. 결국 구체적인 여가활동은 행위자의 활동목적이나 활동배경에 따라 유형분류를 다르게 해야 할 필요성이 제기된다.

[표 2-1] 여가활동의 유형화

분류기준	연구자	유형	구체적 활동
규칙정도, 활동정도	Kaplan(1960)	개인사교 vs. 단체활동 게임 vs. 예술 정적활동 vs. 동적활동	
참여정도 (빈도, 유형, 질과 양)	김외숙(1991)	자기계발 활동	강습 이외의 취미활동, 문화활동 참여 등
		가정지향 활동	가족과 대화, 외식, 자녀와 놀기, 집안 가꾸기
		종교·사회 참여 활동	종교활동, 사회봉사, 사회단체 참여
		사교활동	계·친목회·동창회 모임 참석, 친구·친 지 만나기
		소일 활동	TV보기, 라디오 청취, 휴식, 낮잠
	Ragheb(1980)	대중매체	TV시청, 잡지, 영화보기
		사회적 활동	친구방문, 데이트, 실태게임, 파티참석
		옥외 활동	소풍, 낚시, 원예, 하이킹, 보트타기, 캠핑
		스포츠 활동	스포츠 참여 및 관람
		문화 활동	연주회, 무용, 연극, 전시회 참여
		취미 활동	그림, 수집, 뜨개질, 목공예, 사진찍기, 꽃꽂이
	Jackson & Rucks (1995)	경쟁적 스포츠 활동	농구, 배구, 테니스, 배드민턴 등
		비경쟁적 신체건강과 운동 활동	스키, 조깅, 걷기, 헬스, 에어로빅
		그 외 다른 행동	음악감상, TV시청, 노래부르기, 사교활동
동기 및 욕구	김광득(1987)	스포츠 및 건강 활동	신체의 발달과 회복, 보양 목적
		취미 및 교양 활동	지식의 확대와 견문 확대 목적
		오락 및 사교 활동	대인접촉과 놀이, 게임, 애정 확대 목적
		감상 및 관람 활동	기분전환과 심미성 및 관찰 목적
		행락 및 관광 활동	자연과의 친화와 휴양 목적
	Lutzin(1973)	신체적 활동	스포츠, 게임, 댄스
		사교적 활동	피크닉, 파티, 클럽
		문화적 활동	미술, 음악, 연극, 민속
		자연적 활동	낚시, 사냥, 캠핑, 하이킹, 자연학습
		정신적 활동	독서, 창작, 장기
인식차원	Orthner(1976)	개인 활동	명상
		병행 활동	TV시청, 수집, 음악감상, 요리
		결합 활동	대부분의 스포츠 활동

2) 여가활동 환경변화

여가에 대한 인식 및 가치관이 변화하고 있으며, 다양한 매체의 등장 및 스마트기기의 대중화 등 새로운 형태의 여가활동이 등장하면서 국민들의 다양한 여가생활 수요가 증대하고 있다. 변화하는 사회, 경제, 정책적 환경은 새로운 여가의 흐름으로 나타나고 있다.

① 인구 및 가구구조의 변화

저출산·고령화가 빠른 속도로 진행되면서 국내 인구 구조에 변동이 생기고 있다. 통계청 자료에 따르면 우리나라의 출산율은 1.17명으로, 정부의 출산 장려정책으로 직장근로자들의 산전후 휴가 및 육아휴직제도, 유연근무제, 가족친화적 직장문화조성, 결혼 및 임신·출산에 대한 지원, 양육부담 경감을 위한 정책 등을 마련하여 추진하고 있음에도 불구하고 2011년(1.24명)에 비해 다소 낮은 출산율을 보이면서 저출산 현상이 지속되고 있다.

2020년에는 65세 고령인구가 전체 인구의 15.6%에 도달하여 고령사회에 진입할 것으로 보이며, 2030년에는 24.3%로 초고령사회에 도달할 것으로 전망되고 있다. 정부가 발표한 '2040년 한국의 삶의 질 보고서'에 따르면 2040년 한국인의 평균 수명은 89.38세로 지난 2008년 79.6세보다 9세 이상 평균 예상 수명이 늘어난 수치를 보이고 있다. 정부는 고령화사회에 대응하여 베이비붐 세대들의 근로연장, 소득보장, 노후설계, 건강관리와 노인의 일자리, 소득보장, 건강한 노후생활, 사회참여 그리고 고령 친화적 주거 및 교통환경 조성과 노인권익 증진을 위한 정책을 마련하여 추진하고 있으나 빠른 속도로 고령사회로 진행되고 있는 것에 비해 이런 사회문제에 대비한 정책, 시설, 지원 등이 매우 부족한 실정으로 이에 대비한 구체적인 대책 마련이 시급하다.

② 노동시간의 감소

고용노동부에서 조사한 전체 산업의 월평균 근로일수 및 근로시간을 살펴보면, 2016년의 근로일수는 2010년도에 비하여 1.3일 감소한 20.9일인 것으로 나타났다. 또한 총 근로시간 역시 2010년에 비해 10.1시간 감소한 176.9시간인 것으로 나타났다. 한편 청년실업과 베이비붐 세대의 은퇴가 진행되면서 국내 노동시장이 변화하고 있다. 통계청의 경제활동인구조사에 따르면, 청년실업률은 2010년부터 2012년까지 감소한 것으로 나타났으나 2013년부터 지속적으로 증가하는 것으로 나타났다. 2016년 우리나라 청년실업률은 9.8%로 전체 실업률(3.6%)의 거의 3배에 육박하는 수준으로 나타났다.

③ 디지털형 여가의 증가

통계청이 발표한 '2016년 한국의 사회지표'에 따르면 스마트폰 가입자 수는 4,641만 8,000명으로, 국민 100명 중 91명이 스마트폰에 가입한 것으로 나타났다. 과거 아날로그형 여가는 직접적인 체험과 경험을 통하여 만족을 얻는 반면, 디지털형 여가는 조작과 가상의 기술로 인해 가상체험을 통하여 쾌감을 얻는 것이 특징이다. 디지털형 여가는 현실세계에서 벗어나 자신을 표현하는 효과를 경험하기도 하고 이를 통해 스트레스 해소도 가능하다. 또한 스마트폰이 증가함에 따라 SNS 활동이 더욱 활발해지고 있다. SNS 활동은 정보전달의 신속함을 바탕으로 실시간 커뮤니케이션에 활용되고 있다.

국내뿐만 아니라 전 세계 불특정 다수들이 SNS를 통해 다양한 장르에서 서로의 공감대를 확인하고 소통함으로써 엄청난 파급효과를 가져오고 있다. SNS의 파급효과는 사회, 경제, 정치, 여가문화 등 생활 전반에 걸쳐 다양하게 미치고 있다.

④ 노동시장의 변화

청년실업과 베이비붐 세대의 은퇴가 진행되면서 국내 노동시장이 변화하고 있다. 통계청의 경제활동인구조사에 따르면, 청년실업률은 2010년부터 2012년까지 감소한 것으로 나타났으나 2013년부터 지속적으로 증가하는 것으로 나타났다. 2016년 우리나라 청년실업률은 9.8%로 전체 실업률(3.6%)의 거의 3배에 육박하는 수준으로 나타났다. 이처럼 실업률이 크게 높아지면서 일자리를 찾는 청년들의 구직난이 더욱 심각해질 것으로 예상되며, 공식 실업자 외에 구직단념자와 취업 준비자 등 사실상 실업자를 포함하면 청년층의 체감 실업률은 30%가 넘는다는 주장도 있다.

많은 연구자들은 나이 들어가는 베이비붐 세대의 지배적인 인구 고령화가 이전 세대와는 성격이 다를 것이라고 주장했다. 베이비붐 세대는 부유하고 건강하며 과거 세대보다 오래 살 것으로 예상되며 (Currie & Delbosc, 2010) 베이비붐 세대는 부모의 세대와 닮은 일이 거의 없을 것이다.

우리나라의 베이비붐 세대는 한국전쟁 이후 1955년부터 1963년까지 9년간 태어난 인구집단으로 총인구 대비 14.6%(약 721.5만 명)를 차지하며 현재의 고령층과는 구별되는 경제적, 사회적, 문화적 변화를 겪으며 살아온 세대를 말한다.

최근 보고서에 따르면 베이비붐 세대는 독일뿐만 아니라 프랑스, 미국 및 일본에서도 강력한 소비력을 보였다(Federal Statistical Office of Germany, 2011; Patterson, 2012; IBD, 2011). 레저 여행에서 베이비붐 세대 소비자는 하이테크, 하이 스타일 및 고가 자동차의 주요 대상으로(Coughlin, 2009), 베이비붐 세대의 특성이 미래의 이동성 증가를 예측할 수는 있지만 특히 미래의 여행 수요는 베이비붐 세대가 원하는 바람직한 이동성과 활동의 결과일 것이다(Siren & Haustein, 2013).

2. 여가활동 자료와 활용

1) 여가활동 관련 자료 현황

① 수도권가구통행실태조사의 여가통행조사 자료

수도권가구통행조사의 주말통행조사 목적은 수도권 거주자의 목적별·통행수단별 통행발생과 목적별 분포비, 수단별 분포비를 파악하기 위한 것으로 통행의 출발지 및 도착지, 출발시각 및 도착시각, 통행목적, 목적별 통행수단을 조사내용으로 삼고 있다. 출발지와 목적지가 기재되어 있어 여가통행거리와 목적지를 파악할 수 있다. 그러나 가구통행실태조사의 주말통행조사는 한 주(토요일, 일요일)만의 조사로 주말여가통행이 평일통근통행처럼 반복적으로 일어나는 통행이 아니라는 점을 고려했을 때 여가통행의 패턴을 파악하는 데는 한계가 있다.

② 전국 여객 기종점 통행량 조사의 주말통행조사

전국 여객 기종점 통행량 조사는 전국단위의 여객 및 화물의 O/D
와 교통수요 원단위를 구축하여 장래 교통량 예측과 정책입안을 위
한 자료를 구축하기 위한 조사이다. 2010년 시행된 조사는 이제까지
의 문제점으로 지적되어온 조사방법의 불일치에 대한 문제점을 해
결하기 위하여 가구통행실태조사를 기반으로 한 것이다. 특히 주말
통행조사는 주말통행패턴을 파악하기 위한 것으로 앞서 살펴본 수
도권 가구통행조사의 주말통행조사와 동일한 방법으로 조사가 수행
되었으며, 전국 여객 기종점 통행량의 주말통행조사도 가구통행실태
조사의 주말통행조사와 마찬가지로 여가통행의 특성과 통행행태를
파악할 수 없다는 한계점이 있다.

③ 국민여행실태조사

국민여행실태조사는 1976년부터 한국관광공사가 국민의 여행실
태를 파악하고 관광발전 및 정책수립을 위한 기초자료를 구축하기
위한 조사로, 매년 만 15세 이상 남녀를 대상으로 숙박여행, 당일여
행, 여행방문지, 해외여행실태를 파악하는 것이다. 조사내용은 여행
경험 및 참가회수, 여행시기, 이용교통수단, 여행방문지, 숙박일수,
여행비용, 여행만족도 등의 항목을 주요 조사내용으로 설정하고 있
다. 하지만 여가통행만을 파악하기 위한 유일한 조사인 국민여행실
태조사는 조사단위가 시/군 단위, 광역시인 경우 구 단위로 하고 있
어 도시계획·교통관점의 시사점 도출을 위한 거주지 관점의 여가
통행패턴과 가구구조를 파악하는 데 한계점이 있다.

2) 여가활동 자료의 분석모형

여가활동을 위한 여가행동 발생은 다음 활동, 즉 야간 체류를 포함한 사회적 방문, 레크리에이션 또는 스포츠 참여, 여행 또는 걷기, 레크리에이션 쇼핑 중 하나로 정의된다(Schwanen et al., 2001). 개념적으로 여가행동 발생에 대한 연구는 표본의 각 개인이 얼마나 많은 여행을 하는지에 대한 질문에 대답하려고 시도하는 것으로 생각할 수 있다(Páez et al., 2007).

레저 및 관광 분야에서는 가산자료 모형을 사용하여 여가활동의 빈도를 추정한다. Hellersein & Mendelsohn(1993)은 레크리에이션 수요를 모델화하기 위해 가산자료를 사용하는 이론적 근거를 제시했다. 어떤 선택을 할지에 대한, 즉 행동을 할지 말지에 대한 여부는 이항분포로 모델링될 수 있다(Martínez-Espiñeiraa & Amoako-Tuffoura, 2008). 연구자들은 주로 이러한 모델을 낚시, 등산, 자연자원 레크리에이션 및 관광에 사용하도록 구성하였다. Shresthaa, Seidlb & Moraesc(2002)은 레크리에이션 낚시 여행 수요가 특정 기간 내에 취해진 낚시 여행의 수에 반영되기 때문에 푸아송(Poisson) 모형과 음이항 데이터(negative binomial count data) 모형을 사용하여 레크리에이션 낚시 여행 수요를 추정했다. Bilgic & Florkowski(2007)는 베이스 트립 빈도의 이산적인 음이 아닌 성질 때문에 음이항 데이터 모형을 사용하여 취해진 베이스 낚시 여행에 대한 수요에 영향을 미치는 요인을 확인했으며, Prayaga, Rolfe & Stoeckl(2010)은 절단 음이항 모형(truncated negative binomial model)을 이용하여 레크리에이션 낚시를 위한 조건부 행동 모델을 추정했다.

그 외에도 Anderson(2010)은 자료의 영과잉(0)을 처리하기 위해 설계된 계량 경제학적 방법을 적용하여 아이스 클라이밍에 대한 수요를 추정했으며, Starbuck, Berrens & McKee(2006)는 내생적 층화 절단 푸아송 모형을 사용하여 산림 레크리에이션 수요에 대한 공동 여행비용과 우발적 행동 모델을 추정했다. Shrestha, Seidl & Moraes 2002)은 푸아송 모형과 음이항 모형을 사용하여 방문자의 자연 기반 레크리에이션에 대한 수요를 분석했다. Martinez-Espineira & Amoako-Tuffour(2008)는 절단된 자료의 특성을 고려하여 절단 음이항 회귀 모형을 활용하여 레크리에이션 수요에 대한 모델을 추정하고 비교했다.

운송 및 토지 이용 분야에서 사용되는 가산자료 모형은 일상 활동의 빈도를 추정하거나 건축 환경과 여행 패턴 간의 연계성을 입증하는 데 사용된다. Bhat, Carini & Misra(1999)는 고속도로의 여행비용, 토지 이용 및 접근성에 기초한 집계 데이터 모델을 이용하여 가구 수준에서 쇼핑활동의 빈도를 분석했으며, Ma & Goulias(1999)는 푸아송 모형을 사용하여 활동 유형별로 개인의 일일 활동 빈도를 추정했다. McCartny(2001)는 수정된 가산자료 모형을 사용하여 음주 및 운전 빈도를 분석하였고, Khattak & Rodriguez(2005)는 음이항 회귀 모형을 사용하여 일일 자동차 여행과 외부 여행 횟수를 포함하는 여행을 만드는 행동의 측면에서 여행 발생 모델을 추정했다. Combs, McDonald & Rodríguez(2009)는 총 통행, 자동차 통행, 비동력 수단 통행 및 내부 통행 등과 거주 환경과의 관계를 분석했고, Lin & Yu(2011)는 음이항 회귀 모형을 적용하여 아이들의 야외에서의 여가 행동 발생에 대한 환경적 특성과의 관계를 분석했다.

이와 같이 많은 연구자들이 주로 여가 및 관광 분야에서 레크리에이션 수요에 적용할 수 있는 데이터 모델을 수립하였다. 특정 측정 기간의 여가 행동 발생은 가산자료이기 때문에 가산자료 모형은 단일 목적지를 위한 표준 수요 모델이 되었다(Creel & Loomis, 1990; Englin & Shonkwiler, 1995; Gurmu & Trivedi 1996; Shrestha et al., 2002; Martinez-Espineira & Amoako-Tuffour, 2008).

제2절 전통적인 여가활동 연구 경향

1. 여가활동 선택 관련 의사결정 관련 이론

1) 소비자의 효용에 기반한 수학적 모형

전통적으로 여가목적지 수요와 관련된 많은 연구가 이루어지긴 했으나, 대부분이 효용이론에 근거한 수학적 모델을 단순화시킨 것으로, 급속하게 변화하는 도시공간 속에서 사람들이 어떻게 반응하고 선택할지에 대한 여가목적지 선택은 단순한 수학적 모델로 설명하기 어려운 문제이다. 서구 유럽을 중심으로 1990년대 초반부터 여가·관광활동과 관련된 의사결정관련 연구는 활발하게 진행되어오고 있으며, 최근에는 대용량 데이터의 처리가 가능해짐에 따라 관광부문의 연구에서도 개인의 의사결정 및 행태적 특성을 수리 과학적 기법을 도입하여 해결하려는 다양한 연구가 주목을 받고 있다 (McCabe & Chen, 2015).

효용기반 접근법은 주로 정책적 관심이 되는 활동 대안들을 열거한 후, 개인의 사회경제 속성 및 기 가정한 선호체계에 근거하여 가장 높은 효용을 줄 것으로 기대되는 대안이 선택된다는 이론 틀로시, 현시된 집합적 공간 행동을 설명 및 예측하는 네 주안점을 둔다 (조창현, 2013). 개인의 선호에 관한 일반적인 접근방법은 일반적으로 Simon의 합리적 선택의 행동모델(A Behavioral model of Rational choice)에 근거하여 효용극대화를 위한 제한된 합리성에 의하여 적당히 만족스러운 대안을 추구하는 것으로 인간의 행동을 묘사하였다(이창용, 2010). 예를 들면 여가활동자나 관광객의 목적지 속성을 독립변수로 하고, 각 목적지의 선호속성을 종속변수로 하여 분석하는 것이 일반적인 연구경향이다. 특히, 관광목적지 선택측면에서 많은 연구자들(Apostolakis and Jaffry, 2005; Papatheodorou, 2001; Seddighi and Theocharous, 2002; Tussyadiah et al., 2006)이 Lancaster(1966)의 특성이론을 확장하여 관광목적지 선택에 대한 행위를 설명하고 있다 (McCabe et al., 2015). Lancaster(1966)는 관광목적지 선택은 경제주체가 재화로부터 직접적인 효용을 얻는다는 전통적인 소비자 이론과는 다르게 효용이란 상품의 고유한 성질, 즉 특성의 소비와 관련이 있다는 것이다. 특히, 관광목적지 선택측면에서 많은 연구자들이 Lancaster(1966)의 특성이론을 확장하여 관광목적지 선택에 대한 행위를 설명하고 있다. Kaheneman과 Tversky(1975)는 전망이론(Prospect Theory)을 통해 경제학적 관점으로는 설명할 수 없는 심리적 요소를 고려하여 개인의 의사결정과정을 설명하였다. 즉, 전망이론은 경제학에서 널리 이용되던 효용이론으로 설명하기 어려운 현상을 가치함수(Value function), 가중함수(Weighting function), 그리고 몇 가지 추가적인 원칙을 이용하여 설명하였다. 주로 RUM(Random Utility Model) 패러다임의 계량경제학적 방법론에 이론 전개의 근간을 둔 것으로 여가·관광을 비롯하여 많은 분야에서 개인의 의사결정과 관련하여 수많은 논문들이 있다.

2) 계획행동이론

Fishbein과 Ajzen(1975)은 합리적 행동이론(TRA: Theory of Reasoned Action)을 제시하면서, 개인의 행동은 행동의도에 의해 결정되고 행동의도는 개인의 태도와 주관적 규범에 의해 결정된다고 제시하였다. 합리적 행동이론의 기본가정은 사람들은 의식적 의도와 일치하는 방향으로 행동하고, 행동을 위한 행동의도는 행동에 대한 잠재적 결과와 다른 사람들이 그 행동에 대해 느끼는 정도에 대한 합리적 계산에 기초한다(차동필, 2005). 그러나 인간은 활용 가능한 정보를 합리적·체계적으로 활용할 수 있고, 많은 사회적 행동에 있어서 인간의 의지로 통제가 불가능한 행동들이 있기에 합리적 행동으로 설명하는 데 한계가 발생한다(윤설민, 2010). 계획행동이론(TPB: Theory of Planned Behavior)은 태도-행동 모델 중 하나였던 합리적 행동이론을 확장한 모델로서, 합리적 행동이론의 연장선상에서 제3의 요인인 지각된 행동 통제력(PBC: perceived Behavioral Control)이 제시되었다(Doll & Ajzen, 1992). 계획행동이론은 그 사람이 어떤 행동을 하려고 하는 강도, 해당 행동이 일어날 가능성에 대한 본인의 통제 정도의 상호작용에 의해 결정되는데, 여기서 통제는 내적요인과 외적요인 등으로 구분할 수 있다(김용승, 2008). 계획행동에 의하면 인간은 행동을 수행하기에 앞서 가용정보를 인지 처리하는 과정을 통해 신중히 평가하고 행동을 결정한다는 전제에 근거하기 때문에, 개인의 특정 행동은 행동을 일으키는 원인에 의해 직접적인 영향을 받기보다는 행동의도라는 매개변인을 통해 실행되고 행동의도는 태도, 주관적 규범, 지각된 행동 통제력에 의해 영향을 받는다(Ajzen, 2002).

3) 대안선택집합(Choice-set model) 접근방식

여가목적지 선택모델의 대표적인 연구로 Woodside와 Lysonski 1977)는 여가통행을 위한 대안집단선택을 개념화하였다. 대안선택집합 모형(The Choice-set Model)은 깔때기형 방식(Funnel-like process)으로 설명할 수 있는데 목적지 초기집단-자각집단-마지막으로 추려진 대안집단(Evoked set)으로 구성되고, 최종적으로 목적지 선택이 이루어지는 모형이다(Bradlow and Rao, 2000). Crompton(1992)은 관광목적지 선택과정에서 초기 고려집단(Initial consideration set)과 후기 고려집단(late consideration set)의 개념을 제시하였는데, 이러한 두 단계 선택모형에 근거하여 다른 대안집단들, 예를 들면 부적절한 대상집단(inept set), 실질적으로 고려되지 않는 집단(Inert set), 활성 집단(Action set) 등 이후에 많은 발전된 연구들이 이루어졌다(McCabe et al., 2015).

하지만 관광행태 예측과 관련하여 간단하고 유용한 대안선택집합 모형은 복잡한 선택과정을 이항선택 논리로 너무 단순화시킨 것이라는 비판을 받으면서, 퍼지논리(Fuzzy logic)가 적합한 접근이라는 주장이 제기되었다(Decrop, 2010). 퍼지이론(Fuzzy)은 인간의 의사결정과정과 유사한 형태의 방식으로 여가목적지 선택과 같은 애매한 상황을 잘 처리할 수 있는 장점이 있다. 퍼지논리는 자연 언어 등의 애매함을 정량적으로 표현한 것으로(Zadeh, 1965), 퍼지집합의 개념은 각 대상이 어떤 모임에 속한다, 속하지 않는다는 이진법 논리로부터 벗어나 각 대상이 그 모임에 속하는 정도를 소속함수(Membership function)로 나타내고 그 소속함수를 대응되는 대상과 함께 표기하는 집합이다.

4) Dual-system 이론에 근거한 의사결정과정에 대한 재구조화

이중정보처리이론(Dual process theory)은 서로 다른 학문분야에서 독립적으로 발전했기 때문에 연구자에 따라 다른 용어를 사용해왔다. 최근 이 문제를 해결하기 위해 직관적 추론과정과 외연적 추론과정에 각각 내재되어 있다고 생각되는 광범위한 속성들을 두 개의 시스템으로 통합하려는 시도가 있었다. 행동경제학에서 말하는 이중정보이론에 따르면 인간은 시스템1(직관시스템)과 시스템2(논리시스템)라는 두 종류의 시스템을 가지고 정보를 처리한다. 시스템1은 특별한 인지적 노력이 필요 없는 자동적인 연상시스템으로 매우 빠르고 동시다발적으로 작동한다. 반면 시스템2는 인지적 노력을 바탕으로 한 추론시스템으로 느리고 연속적으로 작동되며, 중립적인 측면이 많다(Chaikan & Ledgerwood, 2012). Dual system식의 접근방식에서 선호는 의사결정 문제에 있어서 타고난 것이라기보다 구조적인 것으로 시스템1에서는 즉각적인 반응으로, 시스템2에서는 의도적인 과정으로 또는 두 시스템 간의 상호작용으로 나타난다(Dhar and Gorlin, 2013).

Dual system 접근방식은 이미 행동과학, 심리학, 소비자연구 분야 등에서 많은 실증적인 연구가 수행되었음에도 불구하고 여가관광분야의 의사결정관련 연구에서는 거의 간과되어왔다. 이는 Dual system의 접근방식에서 선택측면에 영향을 미치는 방대한 사회경제학적·기술적 요인이 요구되기 때문이다. 관광경험과 관련된 선택에 관해서는 경험에 근거한 의사결정을 내린다고 하는 여러 선행연구가 있지만(Au & Law, 2000; Van Middelkoop et al., 2003), 경험이 있는 관광자라도 여전히 의사결정은 복잡하면서 정교하고 직관적으로 이루어지는 경향이 있다. Jun & Holland(2012), Jun & Vogt(2013)는 정보 딤색과정과 같은 Dual system 과정이 어떻게 개념화된 의사결정모형으로 나타나는지를 연구하였으며, Mccabe et al.(2015)은 Dual system 모형에 선택습관(Inertia), 위험회피/손실회피(Risk/Loss Aversion), 정보과부하(Information overload), 시간빈곤설(Time poverty)을 추가하여 관광의사결정의 새로운 모형을 제시하였다.

① 선택습관

선택습관(Inertia)의 개념은 의사충성도(Spurious Loyalty)와 유사한 개념으로 선택의 다양성을 회피하려는 행동으로 반복선택 행위를 설명하는 개념으로 사용되었다. 즉, 특정자극에 대한 경험이 최적 경험수준에 도달하게 되면 받았던 자극에 대해 물림현상이 나타난다고 보았다. 의사충성도(Spurious Loyalty)는 반복구매는 일어나지만, 상대적으로 태도는 좋지 않은 경우를 의사충성이라 할 수 있다. 관광선택 행동이 신기성(Novelty-seeking)에 근거한다는 선행연구(Lee & Crompton, 1992)에도 불구하고 실제로는 반복적이고 습관적인 행위라는 논쟁도 존재한다(Niininen et al., 2004).

② 위험회피/손실회피(Risk/Loss aversion)

일반적으로 관광행위에 대한 개념화에 있어, 대부분의 관광의사결정은 관광자체가 갖는 경험적이고 무형의 상품이라는 특성 때문에 위험성(Risk)을 포함한다(William & Balaz, 2015). Kahneman & Tversky(1979)는 이익에서 얻는 심리적 만족(효용)보다 동일한 금액의 손실에서 오는 심리적 고통(비효용)이 더 크다는 손실회피(Loss aversion)성향을 설명하였다. 실증연구를 통해 손실에 따른 비효용이 같은 금액의 이익에서 얻는 효용의 2~2.5배임을 보여주었다. 손실 회피성향은 행위자들이 미실현 손실에 대해서는 위험추구성향을 보이는 반면, 미실현 이익에 대해서는 위험회피현상을 나타내는 현상을 설명해준다.

③ 정보과부하설(Information overload)

선택을 위해 고려해야 할 정보와 대안의 양이 급속히 많아지면서 행위자는 선택의 어려움을 겪는다(Barry & Schwartz, 2004; Chernev, 2011; Iyengar & Lepper, 2000, 박지우, 2016 재인용). 과부하는 규정량을 초과하는 부담으로 지나치게 많은 자극이 주어지는 경우를 일컫는데, 단기간에 과도한 양의 정보가 주어지면 오히려 의사결정에서 역기능으로 작용할 수 있다. 즉, 선택과부하를 정보과부하에서 기인하는 현상으로 설명할 수 있다(Jacoby et al., 1974).

④ 시간빈곤설(Time poverty)

시간사용과 관련된 연구는 1990년대 이후 유럽연합에서 삶의 질 향상, 일·가정 양립지원을 주요 정책의제로 삼고 노동시간뿐만 아니라 여가시간을 통합한 다양한 분야에서 연구가 진행되고 있다. 여가·관광에서 시간빈곤과 관련된 연구는 주로 경제적 능력은 풍부하지만, 시간적 여유가 없는 개인을 대상을 한 연구로 "슬로우 라이프", "슬로우 투어리즘" 관점에서 논의가 이루어졌다(Fullagar et al., 2012).

2. 여가활동 선택/선호 관련 연구

1) 여가활동 선택 관련 연구

여가 목적지 선택에 대한 대부분의 연구들은 주로 휴가통행에 초점을 두거나(Louviere and Timmermans, 1990; Simma et al., 2002; LaMondia et al., 2010), 장거리통행이나 도시 간 통행에 관한 것이다(Morey et al., 1991; Yai et al., 1995; Train, 1998; Pozsgay and Bhat, 2001 재인용). LaMondia et al.(2010)은 여러 유럽국가 간에 대한 휴가통행에 대해 분석을 하였고, Simma et al.(2002)은 스위스의 여러 도시 간의 여가통행에 대한 분석을 하였으며, 대도시 지역 내에서 단거리 여가통행행태에 초점을 둔 여러 연구가 있다(Nostrand, 2011; Yamamoto and Kitamura, 1999; Bhat and Gossen, 2004; Schlich et al., 2004; Lanzendorf, 2002). 그러나 대부분의 모형이 집계형 모형으로 몇몇 유럽국가에서는 국가적 차원의 모형에 대해 비집계 다항로짓 모형이나 네스티드로짓 모형(nested logit)을 이용하여 목적지 선택에 관한 분석을 하였다(Hackney, 2004). 장거리 여가통행 목적지 선택연구로서 Nostrand(2011)는 일 년간의 여가통행 목적지 선택과 시간배분에 대해 다중이산연속극한모형(multiple discrete-continuous extreme value)을 이용하여 예측모형을 추정하였다.

목적지 선택연구에 있어 도시여가통행에 대한 선행연구는 오히려 미흡한 실정인데, 목적지선택모형에 대한 선행연구는 주로 통근통행이나 쇼핑통행에서 이루어져 왔다(Koppelman and Hauser, 1978; Miller and O'Kelly, 1983; Bhat et al., 1999; Pozsgay and Bhat, 2001 재인용). 도시여가통행에 대한 연구로서 Pozsgay and Bhat(2001)는 토지이용요소, 교통계획요소, 인구사회학적 특성을 설명변수로 하여 다항로짓 모형을 이용하여 여가통행 목적지 선택모형을 제시하였다. 그들은 주거지로부터의 교통 서비스 수준은 여가통행의 목적지 결정에 있어 중요한 변수이며, 여가관련 시설이 있는 존의 규모는 여가활동에 있어 존 선택에 영향을 끼친다고 하였다. 또한 여가통행의 목적지는 집적효과가 있어 규모가 작지만 다양한 시설들이 모인 지역이 단독으로 떨어진 지역보다 상대적으로 많이 선택되며, 특히 인구사회학적 특성이 여가목적지 선택에 있어 중요한 역할을 한다고 하였다. 그리고 고령자, 아이가 있는 가구, 독신가구는 거주지와 가까운 여가입지를 선택하는 경향이 있다고 하였다(Pozsgay and Bhat, 2001).

이와 같이 여가통행 목적지와 관련하여 수행된 일련의 연구들은 장거리 여가통행인가 단거리 여가통행인가에 대한 정도의 차이는 있지만 공통적으로 인구사회학적 특성과 토지이용특성을 설명변수로 한 로짓 모형을 적용하였다. 하지만 주로 이용된 토지이용변수들은 도시 형태적 요소(거주밀도, 토지이용 다양성, 고용밀도 등)를 다루고 있어, 여가활동 자체에 대한 공간적 특성을 고려하지 못하고 있다. 이러한 측면에서 여가통행 목적지 선택모형은 여가활동이라는 활동적 특성을 고려한 공간특성 변수가 적용되어야 한다.

2) 여가활동 선호 관련 연구

선호란, 인지적 측면에서 특정 대상에 대해 다른 것보다 상대적으로 더 호의적 또는 비호의적으로 반응하는 경향을 의미한다. 그러므로 관광객이 어느 관광 목적지에 대해서 호의적 태도를 갖고 있다는 것은 관광 목적지에 대한 긍정적인 선호가 형성되어 있다는 것을 의미하는 것으로, 관광목직지를 방문하고자 하는 행동욕구를 가지게 된다(김용이, 2009). 일반적으로, 사람들은 자신의 선호를 반영하여 선택하려는 경향이 있다. 이러한 의미에서 선호는 사람들이 잠재적인 대안으로부터 선택함을 의미한다. 즉, 선택의 결정이 기본적인 의미에서 목표 지향적이라는 것이다. 하지만 실제 선택은 다양한 고려사항을 근거로 이루어지는데 개인의 성향뿐만 아니라 주어진 상황에 따라 달라진다. 여가나 관광활동과 같은 여가통행은 선호하는 목적지와 실제 선택되는 목적지 간의 격차가 크다. 여가통행 목적지 선호란 주로 여가통행자의 성향을 나타내는 것이고, 여가통행 목적지 선택이란 여가통행자가 최종적인 결정으로 나타나는 활동의 결과이다. 그동안 많은 연구자들은 선택과 선호행동에 대해 여러 연구를 수행하였으나, 주로 한 가지 관점에서 목적지 선택속성인지 혹은 선호속성을 파악하는 것과 관련된 것이었다.

그러나 여가/관광 소비자 행동의 일반적 모형에 따르는 위 접근 방식은 다음과 같은 한계점을 지니고 있다. 첫째는 합리성에 대한 가정으로 합리성에 근거한 접근은 의사결정과정에 있어 감정과 본능의 역할을 무시한다는 점이다. 둘째로 이제까지 여가·관광학 분야의 대부분 선택모형에 관한 연구는 투입-결과(input-output)의 틀에서 의사결정과정에 대한 분석을 진행해왔다는 점이다. 즉, 경제학적 표준 모형은 투입속성과 결과속성에 관한 것에 초점을 두었으며, 규범적인 인지모형은 심리학적 투입속성과 의도와 관련된 결과 속성과의 관계에 초점을 두었다. 대안선택집합(Choice-set model) 접근 방법이 과정에 대한 설명을 보완해주기는 하지만, 선택과정에서 나타나는 심리적 메커니즘보다 결과단계에 좀 더 초점이 맞추어져 있다.

이와 같은 측면에서 기존 여가/관광 목적지 선택 관련 연구는 주로 관광목적지 선택 행위에 초점을 두어왔으며, 일상화된 여가사회에서 여가목적지 선택과 관련된 행위모형은 간과되어왔다. 주로 비주기적으로 이루어지는 관광활동에 초점을 둔 관광목적지 선택과 관련된 연구가 주류를 이루었으나 일상화된 여가사회에서 여가목적지 선택과 관련된 선호/선택 패턴의 차이를 공간적으로 규명하고 융합적 관점에서 여가/관광활동에 대하여 공간선호/선택행위모형의 이론적 기초가 필요하다.

제3절 여가활동 연구에 대한 새로운 접근

1. 동태적 변화를 고려한 여가활동 연구

여가행태 관련 연구에서 인구구조 변화와 관련한 여행행태의 변화는 일반적으로 노화과정과 가족생활주기의 단계에 의해 설명되었다. 이에 생애주기접근법(Life -cycle approach)은 여가 및 관광산업에 널리 적용되어왔다(Lawson, 1991; Collins & Tisdell, 2002; Hong, Fan, Palmer & Bhargava, 2005). Oppermann(1995)은 시간, 생애주기 및 출생 코호트와 관련하여 독일 여행 패턴과 목적지 선택의 변화를 조사하였는데, 코호트 차이는 여행 패턴을 변화시키는 데 있어서 중요한 요소라는 것을 제시하였다. You & O'Leary(2000)는 일본인 노인 해외여행객을 대상으로, 장기간의 종단면적 코호트 자료를 통해 여행객들의 행태변화가 있었는지를 파악하였다. Sakai, Brown & Mark(2000)는 연령만이 국제 여행에 대한 관광수요를 결정하는 유일한 요소가 아니며, 출생 코호트도 또한 관련이 있다는 것을 제시하였다. Collins & Tisdell(2002)과 Nicolau & Más(2005)는 가족 규모 및 구성은 가구의 관광 참여, 목적지 선택, 지출금액 등에 관한 선호에 영향을 미친다고 하였다. World Tourism Organization & European Travel Commission(2010)의 실증연구에서도 관광객의 거주지 속성이 중요한 역할을 한다고 강조하였다.

역사적으로 여가활동 참여/비참여에 대한 연구는 여가제약 이론에 포함되어 있다. Crawford & Godbey(1987)가 제시한 여가제약 모델은 사람들이 여행에 참여하지 못하게 하는 이유를 설명하기 위해 확장되었다(Nyaupane & Andereck, 2008; Kah et al., 2016). Gilbert & Hudson(2000)은 여가제약 이론이 비여행자를 이해하기 위해 적용되었지만 더 많은 시간과 더 많은 돈을 요구하는 여행행동은 다른 여가와 근본적으로 다르므로 여행 및 관광 콘텍스트 내에서 더 많은 검토가 필요하다고 강조했다. Raymore(2002)는 제약조건이 없다고 해서 사람들이 여가활동에 참여하도록 강요하지는 않기 때문에 제약 접근법이 문제가 있다고 주장했다. Lynch & Zauberman(2007)은 소비자가 서로 다른 시간과 다른 장소에서 느끼는 방식에 관한 예측을 기반으로 의사 결정을 내린다고 제안했다. Litvin et al.(2013)도 돈 부족, 시간 부족, 가족 상황만으로 사람들이 여가여행 활동에 참여하지 못하게 하는 유일한 이유는 아니라는 유사한 결론에 도달했다. McKercher & Chen(2015)은 여행의 강도와 성향이 여행자의 개인적 중요성과 상당히 관련이 있음을 보여주었다. 中村(2016)는 해외여행을 하지 않는 일본인에 대하여 외국여행에 대한 관심과 의도에 영향을 미치는 요인을 조사했다. 中村(2016)는 자기 효능감이 해외여행에 대한 관심에 직접적인 영향을 미쳤지만 해외여행의 제약은 관심에 대해 직접적으로 부정적인 영향을 미친다고 하였다. 이와 같은 기존 연구들의 노력에도 불구하고, 인구구조 변화, 관광활동과 관련된 선행연구들을 통해 가구 구성과 규모, 사회·경제학적 특성, 거주지 속성 등과 같은 환경적 요인이 관광 참여 및 관광소비행태

변화에 영향을 미치는 요인임에도 불구하고 인구구조 변화 관점에서 이들 간의 구조적 연관관계를 규명한 연구는 미흡하다.

이러한 인구구조의 급격한 변화에 따른 저출산, 초고령화, 저성장의 위기에 직면한 관광시장의 변화에 대처하기 위하여, 인구구조 변화를 고려한 여가활동(참여-비참여) 및 여가소비지출에 대한 연령 및 코호트 효과를 확인하고 코호트의 변화 관점에서 관광행태에 대한 구조적 연관관계 및 동태적 특성을 규명하는 것이 필요하다.

그러한 측면에서 여가활동에 대한 미시동태적 특성을 파악할 수 있는 방법론으로서 베이지안 접근법이나 다이내믹 구조방정식 모형은 이러한 인구구조변화를 반영한 여가활동의 특성을 도출함에 적합하다고 할 수 있다.

1) 베이지안 접근법

베이지안 추론은 불확실성을 유지한다는 점에서 기존의 전통적인 통계적 추론과 다르다. 베이지안 세계관은 확률을 사건에서 믿을 수 있는 정도를 계량한 사건의 발생을 얼마나 자신하는가로 해석한다 (Davidson-Pilon, 2015). 고전적인 통계학자인 빈도주의자(frequentest)는 확률을 사건이 장기적으로 일어나는 빈도로 여긴다. 빈도주의자는 대체 현실을 만들고 대체 현실 전반에 거쳐 발생하는 사건의 빈도가 확률을 규정한다고 주장한다. 빈도주의 통계는 여전히 유용하고 많은 분야에서 최첨단 기술로 활용된다. 최소자승선형회귀, 라소회귀, EM알고리즘 등은 강력한 방법이다.

반면, 베이지안은 확률을 사건 발생에 대한 믿음 또는 확신의 척도로 해석한다. 주목할 점은 확률인 믿음의 정도가 개인의 주관에

달려 있다는 점이다. 여기서 발생하는 새로운 믿음, 즉 확률을 사후 확률이라고 하는데, 베이지안의 창시자인 토머스 베이즈의 이름을 딴 베이지 정리를 통해 다음 수식이 도출된다.

$$P(A|X) = \frac{P(X|A)P(A)}{P(X)}$$
$$\infty P(X|A)P(A)$$

사실, 위 수식은 베이지안 추론 이외에서도 많이 볼 수 있는 수학적 사실이지만, 베이지안 추론은 단순히 사전확률 P(A)를 업데이트된 사후 확률 P(A ㅣ X)와 연결하기 위하여 위 수식을 사용한다. 베이지안 로짓 모형은 전통적인 로지스틱 회귀분석에 베이지안 추론을 적용한 것으로 사전분포(prior distribution)를 통해 예측분포를 도출하는 것이다. 베이지안 모수 추정을 위해서는 사전확률분포 p(θ)에 대한 정의가 필요하다. 모수 벡터는 베이지안 관점에서 임의의 확률변수로서 간주되며, 다음식과 같이 θ에 대한 조건부 확률을 유도한 뒤, 이를 통해 사후 분포확률(posterior distribution)을 유도할 수 있다.

$$P(s|pa,\theta) = \int P(s|pa,\theta)P(\theta)d\theta$$
$$P(s|pa,\theta) = g(X_i) \geq g(\xi)\exp(X_i - \xi)/2 + \lambda(\xi)(X_i^2 - \xi^2)\xi = P(s|pa,\theta,\xi)$$
$$\xi^2 = E(\sum_j \theta_j x_j)^2 = x^T \sum_{post} x + (x^T \mu_{post})^2$$
$$P(s|pa,D) = \int P(s|pa,\theta)P(\theta)d\theta$$
$$\log P(s^+|pa_i,D) = \log g(\xi_i) - \lambda(\xi_i)\xi_i^2 - 1/2\mu\sum_i^{-1}\mu_i + 1/2\log\frac{\sum_i}{\sum}$$

[그림 2-1] 베이지안 로지스틱 회귀모형

2) 다이내믹 구조방정식 모형

구조방정식(SEM: Structural Equation Model)은 1970년대에 나타
난 분석기법으로 심리학, 생물학, 교육학, 정책학 등 다양한 분야에
서 사용되었다. 이 방법론은 변수들 간의 상당히 많은 상호연관성을
모형화할 수 있다는 장점에도 불구하고 횡단면 자료 분석에 적합하
다는 한계가 있었다.

$$Y_{it} = \Phi_i Y_{w,it-1} + \epsilon_{it}$$
$$Y_{w,it-1} = Y_{it-1} - \alpha_i, \ \epsilon_{it} \sim N(0, \sigma_i^2)$$
$$\alpha_i = \gamma_{00} + \gamma_{01} W_i + u_{0i},$$
$$\phi_i = \gamma_{10} + \gamma_{11} W_i + u_{1i},$$
$$Z_i = \beta_{30} + \beta_{31} W_i + \beta_{32}\alpha_1 + \beta_{33}\phi_i + \beta_{34}\log\sigma_1^2 + u_{3i}, \ u_i \sim N_4(0, \sum)$$

[그림 2-2] 다이내믹 구조방정식 모형

다이내믹 구조방정식 모형(DSEM)은 시계열자료의 구조방정식
모형을 분석하기 위한 강력한 분석기법으로, t년도 수준에서 시간의
변화에 따른 개인 내 변화를 모델링하고, 이러한 과정에서 매개 파

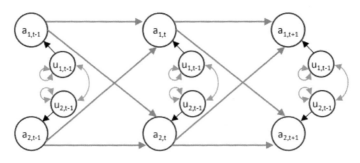

[그림 2-3] Transition equation model의 예

라미터는 다음 t년도+1 수준에서 랜덤 효과를 주어 개인 내 변화에
영향을 준다(Asparouhov et al., 2017).

2. 빅데이터와 여가활동 연구

4차 산업혁명 시대의 핵심 투입요소인 데이터가 노동, 자본 등 기
존 생산요소를 압도하는 새로운 경쟁 원천으로 부각되고 있으며, 딥
러닝, 빅데이터 등 기술의 진보로 데이터가 경제적 자산이 되고 가
치 창출의 원천이 되는 사회가 도래하였다. 빅데이터 및 인공지능
기술이 발달하면서, 많은 민간기업들이 개인 맞춤 추천 서비스로 전
환하면서 이제는 정보의 제공이 '검색의 시대'에서 데이터에 기반한
'추천의 시대'로 빠르게 전환되고 있다. 따라서 여가관광 정보 등과
같은 대시민 서비스도 개인 맞춤형 추천 서비스로 전환할 필요가 있
다. 기술발전과 함께 다양한 경로로 수집된 빅데이터를 통해 도시민
의 수요와 선호를 반영할 수 있는 수요자 맞춤형 서비스의 일환으로
여가 · 관광 공간입지에 대한 머신러닝기반 추천시스템의 요구와 필
요성이 증가하고 있다. 이를 구축하기 위해서는 빅데이터를 활용한
여가활동의 패턴 및 특성을 파악하고, 이를 기반으로 한 머신러닝의
기법을 활용한 알고리즘과 시스템의 구현이 실현될 수 있다.

1) 4차 산업혁명과 여가활동

2016년 1월 20일 스위스 다보스에서 열린 '세계경제포럼(WEF)'은
4차 산업혁명을 화두로 제시하면서 '4차 산업혁명의 이해(Mastering

the Fourth Industrial Revolution)'를 주요 의제로 설정하면서, 4차 산업혁명을 '디지털 혁명에 기반하여 물리적 공간, 디지털적 공간 및 생물학적 공간의 경계가 희석되는 기술융합의 시대'로 정의했다. 4차 산업혁명이라는 용어는 앞서 독일이 2010년 발표한 '하이테크 전략 2020'의 10대 프로젝트 중 하나인 '인더스트리 4.0(Industry 4.0)'에서 '제조업과 정보통신의 융합'을 뜻하는 의미로 먼저 사용됐다. 이전의 1, 2, 3차 산업혁명은 △제1차 산업혁명(1760~1840년): 철도·증기기관의 발명 이후의 기계에 의한 생산 △제2차 산업혁명(19세기 말~20세기 초): 전기와 생산 조립라인 등 대량 생산체계 구축 △제3차 산업혁명: 반도체와 메인프레임 컴퓨팅(1960년대), PC(1970~1980년대), 인터넷(1990년대)의 발달을 통한 정보기술 시대로 정리된다(사동천, 2017).

산업의 디지털화로 시작된 4차 산업혁명은 사회는 물론 인간의 삶 전반을 극변시킬 것이라 예측된다. 3차 산업혁명을 기반으로 도래할 4차 산업혁명은 '초연결성(Hyper-Connected)', '초지능화(Hyper-Intelligent)', 초개인화(Hyper personalization), 가상화(Virtualization)의 특성을 가지고 있으며, 사물인터넷(IoT), 클라우드, 빅데이터, 모바일 등 정보통신기술(ICT)을 통해 인간과 인간, 사물과 사물, 인간과 사물이 상호 연결되고 빅데이터와 인공지능 등으로 보다 지능화된 사회로 변화될 것으로 예측된다(최병규, 2017).

세계이동통신사업자협회(GSMA)의 '글로벌 모바일 트렌드 2017' 보고서에 따르면 2017년 현재 전 세계 이동통신 가입자 수는 50억 3,400만 명으로, 2020년까지 6억 2,000만 명이 증가해 56억 5,400만 명이 될 것으로 예상된다. 통계청이 발표한 '2016년 한국의 사회지표'에 따르면 스마트폰 가입자 수는 4,641만 8,000명으로, 국민 100명 중 91명이 스마트폰에 가입한 것으로 나타났다(문화체육관광부, 2016). 본격적인 디지털 시대를 맞이하면서 스마트 기기와 더불어 애플리케이션, 전자책, 스마트용 게임 등이 개발되고 이를 통해 활용할 수 있는 다양한 콘텐츠들이 제공되면서 생활문화가 변화되고 있다. 스마트폰 사용자가 점차 늘어나면서 어디서나 인터넷이 가능한 장점을 이용해 모든 분야에서 애플리케이션의 구매와 이용이 증가할 뿐만 아니라 이를 활용한 여가활동의 수요도 증가할 것으로 예상된다(문화체육관광부, 2016).

과거 아날로그형 여가는 직접적인 체험과 경험을 통하여 만족을 얻는 반면, 디지털형 여가는 조작과 가상의 기술로 인해 가상체험을 통하여 쾌감을 얻는 것이 특징이다. 디지털형 여가는 현실세계에서 벗어나 자신을 표현하는 효과를 경험하기도 하고 이를 통해 스트레스 해소도 가능하다(문화체육관광부, 2016).

디지털과 네트워크 기반의 정보통신 기술혁신으로 우리는 지구 반대편에서도 실시간으로 얼굴을 보면서 대화할 수 있고, 미술관이나 박물관에 가지 않고도 얼마든지 작품과 유물을 생생하게 감상할 수 있다. 이제는 인간과 사물이 손짓, 눈빛, 동작으로 소통하고 앞으로는 감성으로 상호작용하는 실감통신 시대를 맞이할 것이다. 1950년대에도 가상경험을 할 수 있는 영화관이 있었고 1960년대에도 HMD(Head Mounted Display)가 있었다. VR와 AR는 디지털 기술의 발달로 2000년 초에 세컨드 라이프의 바람이 불면서 부상한 이후, 최근 스마트폰과 함께 관심이 급 고조된 차세대 비전사업이다(최재홍, 2016).

공상과학(SF) 영화에서 컴퓨터 그래픽으로 보여줬던 가상의 사물을 현실에서 제어하는 장치가 개발되어 꿈같은 세상도 펼쳐지고 있다. 2002년에 개봉된 미래의 경찰과 범죄 예측을 다룬 영화 <마이너리티 리포트(Minority Report)>에서 톰 크루즈가 투명 스크린과 허공에 떠 있는 영상을 손짓으로 조작하는 신기한 장면이 나온다. 당시 영화 속의 시대는 2054년인데, 이제는 연출이 아니라 가상현실(VR), 증강현실(AR), 혼합현실(MR) 기술로 이미 상당부분 실현되었다. 파괴적인 기술혁신으로 인해 미래학자들이 예측했던 것보다 30년 이상 빨리 상상의 세계가 현실로 다가온 것이다(임명환, 2016).

가상현실(VR, Virtual Reality)과 증강현실(AR, Augmented Realty)은 4차 산업혁명 시대에서 사물인터넷(IoT, Internet of Things) 및 인공지능(AI, Artificial Intelligence)과 더불어 중요한 기술로 인식되고 있다. 2014년 VR 스타트업이었던 Oculus를 20억 달러에 인수한 Facebook의 최고경영자(CEO) Mark Zuckerberg는 2016년 Mobile World Congress에서 삼성전자의 행사에 게스트로 등장하여 가상현실이 차세대 플랫폼이 될 것이라고 강조하였다. 증강현실 게임으로 만들어진 '포켓몬GO'는 2016년 7월 미국을 포함한 세 개 국가에서 서비스가 시작되고, 2017년 1월 우리나라에서도 출시되었다(김치호, 2017).

가상현실의 개념은 이미 1970년대 중반에 HCI 분야에서 이론적 접근이 시작되었으며, VR는 표현 그대로 현실보다는 우리가 꿈꾸는 세계이며, 구현 시 언제나 접속 가능한 미래를 지속적으로 소유할 수 있게 해준다. 때문에 비즈니스의 한계도 제한 없이 펼쳐져 있다. 게임(엔터테인먼트), 영화, 교육, 전시, 소셜미디어, 의료(헬스), 국방,

여행, 커머스 등 다양한 분야에서 활용 가능하다(최재홍, 2016). 변화에 맞추어 주목해봐야 할 것은 HMD(Head Mounted Display)의 대두다. 오큘러스 리프트의 VR HMD 출시발표를 기점으로 전 세계적으로 VR HMD와 유관 콘텐츠에 대한 관심이 증가하고 있으며, Google, Facebook, SONY 등 해외 유수기업들이 관련된 콘텐츠 개발과 연구에 자본을 투입하고 있다. 이후 게임에서 몰입감을 강화하기 위해 가상현실 기술이 적용되었고 영화, 교육, 광고, 테마파크, 헬스 케어 등으로 확산되어 PC와 게임기뿐만 아니라 스마트기기에서 구현되는 다양한 제품이 출시되고 있다. 또한 원자력, 플랜트, 중화학, 의료 등의 분야에서도 활용하고 교육하는 콘텐츠 기반의 가상교육훈련시스템이 새로운 성장 동력 산업으로 부각되고 있다. 가상현실은 이제 전시관에서 체험하는 수준을 넘어 VR 테마파크가 나타나고 기존 PC방이 VR방으로 대체되는 비즈니스 모델이 등장하고 있다. 유튜브가 360도 동영상을 업로드할 수 있게 됨에 따라 가상현실 카메라 및 콘텐츠가 VR 산업에 활력을 불어넣고 있으며, 향후 8K급 이상의 고화질 VR 서비스도 일반화될 것으로 보인다. 향후 가상현실은 몰입감을 극대화시키기 위하여 시각, 청각, 손짓, 동작 등을 인식하는 고성능 HMD가 개발되고 현실세계와 착각할 정도의 실감나는 콘텐츠가 제작될 것으로 예상된다(임명환, 2016).

증강현실은 가상현실의 하나의 분야에서 파생된 기술로서 현실세계와 가상의 체험을 결합하는 기술을 의미한다. 가상현실은 모든 환경을 컴퓨터를 통해 가상환경으로 제작하여 사용자와 상호작용하지만, 증강현실은 현실세계를 바탕으로 사용자가 가상의 물체와 상호작용함으로써 향상된 현실감을 줄 수 있다. 2016년에 출시된 '포켓몬GO'가 증강현실 게임의 대표적인 사례라고 할 수 있다. 증강현실은 '포켓몬GO'와 같은 게임뿐만 아니라 의료, 제조, 교육, 쇼핑 능 다양한 분야에서 활용되고 있다. 의료 분야에서는 HMD를 쓰고 3차원이미지로 진단하는 연구도 진행되고 있으며, MRI나 CT 영상을 실제영상과 합성하여 수술을 진행하기도 한다. 제조업에서는 가상 프로토타이핑(Virtual Prototyping)이나 가상공정(Virtual Manufacturing) 분야에서 사용되며 비행기의 설계 및 제작과정에 사용되기도 한다. 교육에서는 증강현실 콘텐츠가 에듀테인먼트로서의 역할을 하며, 쇼핑에서는 가상 피팅룸(Virtual Fitting Room)이나 매직 미러(Magic Mirror)와 같은 디스플레이가 패션분야에서 사용되고 있다.

[표 2-2] 가상현실/증강현실 관련 여가활동

분류	활용사례
게임	- 1인칭 시청 게임에서 HMD 단말과 동작 인식 기술을 활용해 몰입감 향상 - FPS 게임, 어드벤처 게임, 공포 게임 등에서 게임의 공간적 효과 증대
영화	- HMD를 이용한 가상 극장 효과 - 가상현실로 구현해 영화 속 장면을 직접 체험해보는 경험 제공 - 사용자의 참여에 따라 스토리가 변화하는 인터랙티브 시네마 구현 가능
교육	- 세계 각지에 흩어진 학생들이 가상교실에 함께 모여 진행되는 수업 - 역사, 문화 탐방을 위해 가상현실로 구현된 역사 속 공간 체험 - 물리, 과학적 지식을 습득하기 위한 물리법칙 체험 가상현실 공간
전시	- 세계 각지의 유명 미술관, 박물관을 가상으로 재현 - 실제로 존재하지 않는 디지털 미술관, 박물관을 가상현실 기술로 구축 가능 - 전시 작품과 자유롭게 상호작용하는 신개념 인터랙티브 미술관 재현
SNS	- 세컨드 라이프와 같은 가상공간을 바탕으로 한 SNS에 HMD와 동작 인식 센서에 기반한 실감형 가상현실 기술 접목

자료: 가상현실 기술의 다양한 활용분야와 사례, 한국콘텐츠진흥원(최재홍, 2016 재인용)

2) 빅데이터를 활용한 여가활동 연구

최근 기술발전과 함께 여가·관광 분야에서는 빅데이터의 활용이 활발하게 진행되고 있는데, 주로 온라인 소셜 빅데이터와 위치기반 통행 빅데이터, 각 여가공간에서 발생하는 매출액 등과 같은 거래 데이터로 유형이 구분된다.

빅데이터를 활용한 분석기법에서 최근 주목을 끄는 머신러닝 기반 분석방법은 데이터의 특징을 나타내는 요소를 머신러닝 알고리즘으로 학습을 시킨 후에 분석하는 것으로 이 방법의 장점은 고급 알고리즘을 이용하여 데이터를 분석하기 때문에 기존의 전통적인 분석방법에 비해 분석률이 높다는 장점이 있다. 따라서 머신러닝 기법을 적용한 여가공간 입지 추천시스템은 훨씬 더 넓고 깊은 데이터 기반의 분석을 수행할 수 있으며, 머신러닝을 적용한 접근이 전통적인 통계기법보다 공간선호예측을 기반으로 하는 추천 알고리즘에 적합하다. 실시한 예측정보를 제공할 수 있으며, 전통적인 모형에서 찾아낼 수 없었던 데이터 기반의 숨겨진 패턴을 파악할 수 있다. 데이터를 통해 스스로 학습한 추천시스템은 실시간으로 수요자 맞춤형 서비스를 지원할 수 있다.

그 가운데 추천시스템(Recommendation system)이란 대상자가 좋아할 만한 무언가를 추천하는 시스템을 말한다. 추천시스템은 일반인들이 가장 빈번하게 접하는 머신러닝 서비스라고 해도 과언이 아니며, 추천시스템은 특히 IT서비스에서는 매우 중요한 핵심적인 기술이라 할 수 있다. 추천시스템은 사용자의 주의를 환기시킬 수 있고, 새로운 콘텐츠의 발견, 매출증대로 연결시킬 수 있기 때문에 기업들 입장에서는 매력적인 기술이다.

아마존의 경우 1/3의 주문이 추천시스템에 의해 이뤄지고 있고, 넷플릭스는 3/4이 추천시스템에 의한 것이라고 말할 정도로 ROI Return on investment)가 높은 기술 중의 하나이다. 이처럼 추천시스템은 서비스에 큰 영향을 미치는 요소이기 때문에 오래전부터 많은 학자들과 기업들이 연구하고 있는 주요한 분야 중의 하나이다. 넷플릭스는 아마존과 마찬가지로 추천시스템의 열렬한 신봉자라고 할수 있다. 넷플릭스 서비스의 핵심적인 기술요소는 추천시스템으로 사용자의 성향을 파악해 좋아할 만한 영화를 추천해주는 단순한 시스템에서 출발했지만 최근에는 사용자가 로그인하는 순간 해당 사용자의 취향에 맞춰 전체 페이지가 구성되는 수준까지 발전했다. 페이스북 역시 추천시스템을 적극적으로 활용 중인 회사인데 주로 친구추천을 하는 데 활용하고 있다. 친구추천은 전통적인 추천시스템의 대상이었던 상품과는 다른 성격을 가지는데, 상품추천의 목적은 매출의 증대와 같은 직접적인 목적을 가지고 있는 반면에 친구추천은 서로의 교류를 증대시킬 목적을 가지고 있기 때문에 Link Prediction이라는 것에 중점을 두고 있다.

위치추천은 1) 일반적인 위치추천과 2) 맞춤형 위치추천의 두 가지 범주로 나눌 수 있다. 첫째, 일반적인 위치추천은 일반적으로 사용자들에게 가장 인기 있는 장소로 제공하는 것이다. 따라서 개인의 선호도가 부족하기 때문에 사용자는 이러한 시스템에서 동일한 추천을 받는다. 둘째, 개인화된 위치추천은 개인의 취향을 고려하여 사용자에게 가장 적합한 장소를 제공하는 것을 목표로 하는데, 협업 필터링, 매트릭스 인수 분해 및 랜덤 워크(random walk)를 통한 추천과 같은 다양한 개인화된 위치 추천 접근법 중에서 매트릭스 인수 분해는 온라인 권고 효율성으로 인해 가장 널리 사용되는 방법이다. Location-based social network(LBSN) 기술이 대중화되기 이전에는 Zheng et al.(2010)이 흥미로운 위치와 활동을 공개하기 위해 집단 행렬 인수 분해 방법을 제안했다. 하지만 LBSN 기술의 대중화로 인해 사용자의 신체활동과 관련된 엄청난 양의 데이터가 추적이 가능해지면서 가장 보편적으로 적용되는 기술이 되었다. 이와 관련된 기술로서 Berjani et al.(2011)은 행렬 인수 분해 방법을 사용하여 위치 추천시스템을 개발했으며, Cheng et al.(2012)은 지리적 영향력을 포착하기 위해 다중 센터 가우시안 모델을 제안하고 행렬 인수 분해를 사회적 정규화와 결합한 위치추천기법을 적용하였다. Yang et al.(2013)은 하이브리드 추천시스템으로서 위치선호도 모델과 추천 알고리즘을 조합한 기법을 적용하여 입지추천 알고리즘을 향상시켰다. 추천시스템의 기본적이면서 가장 핵심적인 기술은 협업 필터링(Collaborative Filtering)으로 제안된 지 20년이 지난 기술이지만 그 간결함과 성능으로 인해 아직도 많은 추천시스템에서 활용하고 있다. 최근에는 모델기반 방법으로 머신러닝을 이용해 평점을 예측할 수 있는 모델을 만드는 방식으로, 과거의 사용자 평점 데이터를 이용해 모델을 만들었기 때문에 개인의 평점정보가 없더라도 특정 아이템에 대한 사용자의 평점을 예측할 수 있다. 의사결정트리, SVM Model-based 방법에는 여러 가지가 있지만 Netflix Prize Contest를 통해 대부분의 추천시스템에서 사용되는 중요한 기술인 SVD는 차원축소기술(Dimensionality reduction)의 일종으로 사용자와 아이템의 평점데이터를 행렬로 생각하고 이를 U와 V로 분리하는 것을 말한다. 데이터를 SVD로 형태로 나타내게 되면 차원축소의 이점으로 데이터가 작아지는 것과 더불어 노이즈제거에도 효과적이다.

　향후의 여가활동을 위한 입지추천시스템은 POI, 도로망 및 교통 상황과 같은 다른 데이터 소스도 추천시스템에 적용될 수 있으며, 이러한 다른 데이터 소스의 정보를 추천시스템에 통합하는 것도 하나의 도전 과제이다.

□ 참고문헌

● 국내문헌

◦ 단행본

문화체육관광부. 2006년 여가백서.
_____. 2013년 여가백서.
문화체육관광부(2016). 2016년 국민여가활동조사.
통계청. 2010년 경제활동인구조사.
_____. 2011년 경제활동인구조사.
_____. 2012년 경제활동인구조사.
_____. 2013년 경제활동인구조사.
_____. 2014년 경제활동인구조사.
_____. 2015년 경제활동인구조사.
_____. 2016년 경제활동인구조사.

◦ 논문

김흥렬(2015). 관광학원론. 서울: 백산출판사.
김용이(2009). 세분시장에 따른 관광목적지 브랜드 자산과 선호도. 충성도의
　　　　관계 연구. 제주대학교 관광경영학 박사학위논문.
김치호(2017). 가상현실 및 증강현실의 기술을 활용한 테마파크 어트랙션의
　　　　연구. 『문화콘텐츠학회지』, 15(9), 443-452.
사동천(2017). 소작제 금지의 원칙. 『법학논총』, 24(2), 165-195.
임명환(2016). 가상현실(VR)과 증강현실(AR)의 현황과 전망. 웹진 문화관광.
　　　　서울: 한국문화관광연구원.
장윤정(2015). 가구생애주기별 여가관광이동 행태 특성분석: 거주지에서 여
　　　　가관광목적지를 중심으로. 관광연구저널, 29(8), 111-123.
최병규(2017). 상법 보험편의개정방안에 대한 연구. 『금융법 연구』, 14(3),
　　　　169-201.
최재홍(2016). VR·AR 비즈니스와 시장현황. 『광학세계』, 2, 40-44.
한국관광연구원(2000). 사이버 관광사업 육성방안.
한국전자통신연구원(2016). VR/AR 기술해설 자료종합.

● 국외문헌

Asparouhov, T., & Muthén, B(2017). Weighted least squares estimation with missing data. 2010. Available fro m: http://www. statmodel. com/download/GstrucMissingRevision. pdf.

Berjani, B., & Strufe, T(2011, April). A recommendation system for spots in location-based online social networks. In Proceedings of the 4th Workshop on Social Network Systems (p.4). ACM.

Bhat, C. R., & Gossen, R(2004). A mixed multinomial logit model analysis of weekend recreational episode type choice. Transportation Research Part B: Methodological, 38(9), 767-787.

Bhat, C. R(1998). Accommodating variations in responsiveness to level-of-service measures in travel mode choice modeling. Transportation Research Part A: Policy and Practice, 32(7), 495-507.

Cheng, C., Yang, H., King, I., & Lyu, M. R(2012, July). Fused Matrix Factorization with Geographical and Social Influence in Location-Based Social Networks. In Aaai(Vol. 12, pp.17-23).

Collins, D., & Tisdell, C(2002). Age-related life cycles: Purpose variations. Annals of Tourism Research, 29(3), 801-818.

Crawford, D. W., & Godbey, G(1987). Reconceptualizing barriers to family leisure. Leisure Sciences, 9(2), 119-127.

Davidson-Pilon, C(2015). Bayesian methods for hackers: probabilistic programming and Bayesian inference. Addison-Wesley Professional.

Hong, G. S., Fan, J. X., Palmer, L., & Bhargava, V(2005). Leisure travel expenditure patterns by family life cycle stages. Journal of Travel & Tourism Marketing, 18(2), 15-30.

Jang, Y(2018). Comparison of Influencing Characteristics and Change on Travel Time Expenditure for Mandatory and Discretionary Travel(No. 18-00549).

Kah, J. A., Lee, C. K., & Lee, S. H(2016). Spatial-temporal distances in travel intention-behavior. Annals of Tourism Research, 57, 160-175.

Kim, H. R., Yi, C., & Jang, Y(2019). Relationships among overseas travel, domestic travel, and day trips for latent tourists using longitudinal data. Tourism Management, 72, 159-169.

Kim, H. R., & Jang, Y(2017). Lessons from good and bad practices in retail-led urban regeneration projects in the Republic of Korea. Cities, 61, 36-47.

Koppelman, F. S., & Hauser, J. R(1978). Destination choice behavior for non-grocery-shopping trips. Transportation Research Record, (673).

LaMondia, J., Snell, T., & Bhat, C. R(2010). Traveler behavior and values analysis in the context of vacation destination and travel mode choices: European Union case study. Transportation research record, 2156(1), 140-149.

Lanzendorf, M(2002). Mobility styles and travel behavior: Application of a lifestyle approach to leisure travel. Transportation Research Record: Journal of the Transportation Research Board, (1807), 163-173.

Lawson, R(1991). Patterns of tourist expenditure and types of vacation across the family life cycle. Journal of Travel Research, 29(4), 12–18.

Litvin, S. W., Smith, W. W., & Pitts, R. E(2013). Sedentary behavior of the nontravel segment: a research note. Journal of Travel Research, 52(1), 131–136.

Lynch, J. G., & Zauberman, G(2007). Construing consumer decision making. Journal of Consumer Psychology, 17(2), 107–112.

McKercher, B., & Chen, F(2015). Travel as a life priority? Asia Pacific Journal of Tourism Research, 20(7), 715–729.

Miller, E. J., & O'Kelly, M. E(1983). Estimating shopping destination choice models from travel diary data. The Professional Geographer, 35(4), 440-449.

Morey, E. R., Shaw, W. D., & Rowe, R. D(1991). A discrete-choice model of recreational participation, site choice, and activity valuation when complete trip data are not available. Journal of Environmental Economics and Management, 20(2), 181-201.

Nicolau, J. L., & Más, F. J(2005). Stochastic modeling: a three-stage tourist choice process. Annals of Tourism Research, 32(1), 49–69.

Nostrand, C. V., 2011, "A Discrete-Continuous Modeling Framework for Long-Distance, Leisure Travel Demand Analysis", the degree of Master of Science in Civil Engineering Department of Civil and Environmental Engineering College of Engineering, University of South Florida.

Nyaupane, G. P., & Andereck, K. L(2008). Understanding travel constraints: application and extension of a leisure constraints model. Journal of Travel Research, 46(4), 433–439.

Oppermann, M(1995). Travel life cycle. Annals of Tourism Research, 22(3), 535–552.

Pozsgay, M., & Bhat, C(2001). Destination choice modeling for home-based recreational trips: analysis and implications for land use, transportation, and air quality planning. Transportation Research Record: Journal of the Transportation Research Board, (1777), 47-54.

Raymore, L. A(2002). Facilitators to leisure. Journal of Leisure Research, 34(1), 37.

Sakai, M., Brown, J., & Mak, J(2000). Population aging and Japanese international travel in the 21st century. Journal of Travel Research, 38(3), 212–220.

Schlich, R., Schonfelder, S., Hanson, S., Axhausen, K. W(2004). "Structure of Leisure Travel: Temporal and Spatial Variability", Transport Reviews, vol. 24, no. 2, pp.219-237.

Simma, A., Schlich, R., Axhausen, K(2001). Destination choice modelling of leisure trips: The case of Switzerland. Arbeitsberichte Verkehrs-und Raumplanung, 99.

Louviere, J., & Timmermans, H(1990). Stated preference and choice models applied to recreation research: a review. Leisure Sciences, 12(1), 9-32.

Train, K. E(1998). Recreation demand models with taste differences over people. Land economics, 230-239.

Yai, T., Yamada, H., & Okamoto, N(1995). Nationwide recreation travel survey in Japan: Outline and modeling applicability. Transportation Research Record, 1493, 29.

Yamamoto, T., Kitamura, R., & Kimura, S(1999). Competing-risks-duration model of household vehicle transactions with indicators of changes in explanatory variables. Transportation Research Record: Journal of the Transportation Research Board, (1676), 116-123.

Yang, D., Zhang, D., Yu, Z., & Wang, Z. (2013, May). A sentiment-enhanced personalized location recommendation system. In Proceedings of the

24th ACM Conference on Hypertext and Social Media (pp.119-128). ACM.

You, X., O'leary, J., Morrison, A., & Hong, G. S(2000). A cross-cultural comparison of travel push and pull factors: United Kingdom vs. Japan. International Journal of Hospitality & Tourism Administration, 1(2), 1-26.

Zheng, Z., Lan, Z., Gupta, R., Coghlan, S., & Beckman, P(2010, June). A practical failure prediction with location and lead time for blue gene/p. In Dependable Systems and Networks Workshops (DSN-W), 2010 International Conference on (pp.15-22). IEEE.

제3장

주거지 기반 여가활동

제1절 연령별 여가활동 발생

1. 여가활동과 개인 및 지역 특성

이동은 도시민이 삶을 영위해 나가기 위해 충족되어야 할 최소한의 필요조건 중 하나이다. 도시공간 내에서 발생하게 되는 이동의 유형은 크게 두 가지로 구분할 수 있다. 도시민이 일상에서 출근, 통학과 같이 이동의 목적과 활동의 발생 시간, 그리고 빈도가 대체로 고정되는 이동의 형태를 '일상통행'이라 하며, 상대적으로 이동의 발생 시간 및 빈도가 가변적인 여가, 쇼핑, 관광, 친교 등을 목적으로 하는 이동의 유형을 '비일상통행'이라 한다.[1]

2000년부터 2010년까지, 도시활동 목적별로 통행의 점유율 변화를 살펴보면, 여가·친교·오락(이하, 여가)을 목적으로 하는 통행이 타 목적의 통행 점유율에 비해 상대적으로 높은 증가율을 나타냈다.[2] 이는 우리나라의 1인당 국민소득 증가, 저출산·고령화로 인한 인구구조 변화, 1인 가구 등 소형가구 비중의 증가와 같은 가구구조 변화 등 사회·경제적 변화에 따른 것으로 추정되고 있다.[3] 즉, 여

---

1) 윤대식, 1999, "통근통행 이전의 비통근통행 발생여부와 교통수단 선택행태 분석", 대한교통학회지 제17권 제5호, 57-65쪽.

2) 국토해양부, 2010, 여객통행실태조사 −연구보고서−.

3) 한국교통연구원, 2012, 2011년 「국가교통수요조사 및 DB구축사업」 전국 여객 O/D 전수

가활동의 주체인 도시민의 생활양식 변화에 따라 여가활동에 대한 수요가 증대되고 있을 뿐만 아니라,[4] 도시 내 활동주체들의 개인적 특성과 가구단위 속성의 변화와 함께 일상통행 이외의 다양한 비일상통행 발생이 증가하고 있는 것으로 해석된다.[5] 개인 또는 가구특성 중에서도, 연령 변수는 활동주체들 간의 서로 다른 여가활동 발생에 영향을 미치는 요인인 것으로 확인되었으며,[6] 이는 개인 및 가구단위의 생애주기 단계에 따라 여가활동에 대한 관심사와 욕구가 다를 수 있기 때문으로 이해되고 있다.[7]

인구·사회·경제적 변화에 수반하는 개인별 도시활동 패턴의 다양화와 연령별 도시활동 수요의 차이 증대에 대응하여, 아직까지 여가활동에 대해서는 주로 여가활동의 참여행태와 이동시간 특성 또는 여가활동의 목적지 선택과 같은 여가활동 패턴, 개인 및 가구속

화 및 장래수요예측 I.

장윤정, 2013, 가구유형별 여가통행패턴의 영향요인에 관한 실증연구: 가구의 생애주기를 중심으로, 서울시립대학교 박사학위논문.

4) 장윤정, 2017, "가구구조별 여가활동 이동시간에 대한 한계이동 패턴", 관광연구저널 제31권 제9호, 21-32쪽.

5) 성현곤, 신기숙, 노정현, 2008a, "쇼핑 및 여가시설의 유형과 입지가 통행수단 선택에 미치는 영향", 국토계획 제43권 제5호, 107-121쪽.
서동환, 장윤정, 이승일, 2011, "보상메커니즘을 고려한 도시공간구조측면에서의 평일통근통행과 주말여가통행 상호관계분석", 국토계획 제46권 제7호, 89-101쪽.
장윤정, 2013, 앞의 책.
장윤정, 이창효, 2016, "20~30대 1인가구의 여가통행 목적지 공간선택과 선호에 관한 행태특성", 서울도시연구 제17권 제2호, 77-96쪽.

6) Leitner, M. J. and Leitner, S. F., 2004, *Leisure in later life*. Haworth Press.
Gibson, H. J., 2006, "Leisure and later life: Past, present and future", *Leisure Studies*, 25(4): 397-401.
최자은, 최승담, 2014, "사회계층별 도시 내 여가목적 이동성 변화특성 분석 –사회네트워크분석을 활용하여-", 관광학연구 제38권 제1호, 68-82쪽.
고승욱, 김기중, 이창효, 2017, "토지이용 특성과 도시활동 잠재력이 여가통행의 연령대별 목적지 선택에 미치는 영향요인 연구", 서울도시연구 제18권 제1호, 43-58쪽.

7) Morgan, D.H.J., 1986, *The Family, Politics and Social Theory*, Routledge: London and New York.

성에 따른 여가활동의 영향요인 등에만 초점이 맞추어졌다.[8] 이러한 측면의 현상들을 규명하는 것은 여가활동 및 통행과 관련한 중요한 연구 주제들이다. 그러나 다양해지고 있는 여가활동의 유형과 패턴과 관련하여, 여가활동의 통행수요를 예측하는 것 역시 개인별 통행수요의 충족을 위한 계획·정책적 대응, 도시 내 교통혼잡의 완화 등 멀지 않은 미래에 당면할 도시교통 문제에 효과적으로 대처하기 위해서는 보다 심도 있는 논의가 요구되는 분야라 할 수 있다.[9]

여가활동은 복잡성과 동질성이라는 특성을 동시에 갖고 있어, 도시민의 일상활동에 비해 높은 불확실성을 나타내며, 이로 인하여 그동안 여가활동 발생과 관련한 수요분석이 원활히 이루어지지 못하였다.[10] 여가활동 수요에 대하여 수행된 일부 연구 사례들은 '여가활동은 소득수준에 따라 발생과 참여행태가 서로 상이하다'는 여가학 측면의 이론에 기초를 둠으로써,[11] 활동주체들의 개인적 특성과

---

8) Stopher, P. and Zhang, Y., 2010, "Stability of Travel Time Expenditures and Budgets – Some Preliminary Findings", *33rd Australasian Transport Research Forum ATRF 2010*; Planning and Transport Research Centre (PATREC), Australia.
   Ahmed, A. and Stopher, P., 2014, "Seventy Minutes Plus or Minus 10 – A Review of Travel Time Budget Studies", *Transport Reviews*, 34(5): 607~625.
   송운강, 류환경, 2005, "TCM의 여행비용변수에 대한 논의", 관광연구저널 제19권 제3호, 125~137쪽.
   김은지, 김재휘, 2012, "기다림의 심리학: 시간 비용 발생에 대한 예상 여부 및 동기가 제품 및 서비스에 대한 가치 지각에 미치는 효과", 한국심리학회 학술대회 자료집, 307쪽.
   박영진, 윤경선, 양재영, 2015, "여가몰입이 직장만족과 고객지향성 및 경영성과에 미치는 영향", International Journal of Tourism and Hospitality Research 제29권 제5호, 91~104쪽.
   고승욱, 이승일, 2017, "통행목적지로서 서울 행정동의 특성이 고령인구 연령대별 비통근 통행에 미치는 영향 분석", 한국지역개발학회지 제29권 제1호, 79~98쪽.
   장윤정, 김흥렬, 2017, "거주 여가 환경과 여가이동 목적지 선택과의 관계 연구", 관광연구 제32권 제5호, 261~276쪽.

9) Kanafani, A.K., 1983, *Transportation Demand Analysis (McGraw-Hill series in transportation)*, McGraw-Hill College.

10) 장윤정, 2017, 앞의 논문.

가구속성의 영향으로 인하여 여가활동 발생 용량이 달라질 수 있다는 견해들[12]이 고려되지 못하였다. 특히, 우리나라와 같이 인구·사회·경제적으로 급격한 변화를 경험하고 있는 상황하의 국가들에서 개인 또는 가구의 생애주기 변화를 고려한 여가활동 특성과 수요에 대한 분석과 예측은 더욱 필요하다고 할 수 있다.

최근 우리나라는 저출산·고령화에 따른 인구구조 변화뿐만 아니라 소득수준의 향상, 주 5일 근무제의 본격 적용, 여가활동에 대한 인식 변화, 차량 및 대중교통 시스템 개선 등 사회·경제적 여건 변화로 인하여, 여가활동을 위한 통행량이 빠르게 증가해왔다.[13] 대도시권 내에서 발생하는 활동주체들의 이동은 기점과 종점 그리고 활동을 위한 토지이용 또는 공간구조 특성에 영향을 받게 되기 때문에 지역 차원의 특성을 포함한 여가활동 발생 연구의 중요성이 증가하고 있다.[14]

일반적으로, 여가활동에 대하여 가구속성과 활동의 기점을 중심으로 한 지역 특성을 함께 고려한 연구 사례에서는 지역 특성보다

---

11) 박진석, 박성훈, 2012, "도시근로자 가구의 여가수요에 관한 연구–가구특성별 장기소득 탄력성 비교를 중심으로", 산업경제연구 제25권 제5호, 2999-3018쪽.
한국교통연구원, 2013, 2013년 「국가교통조사 및 DB구축사업」 여객교통수요분석 개선 방안 연구.

12) Tacken, M., 1998, "Mobility of the Elderly in Time and Space in the Netherlands: An Analysis of the Dutch National Travel Survey", *Transportation*, 25: 379-399.
Cervero, R. and Kockelman, K., 1997, "Travel Demand and the 3Ds: Density, Diversity, and Design", Transportation Research Part D: Transport and Environment, 2(3): 199-219.
고승욱, 김기중, 이창효, 2017, 앞의 논문.

13) 성현곤, 신기숙, 노정현, 2008a, 앞의 논문.
장윤정, 2013, 앞의 책.

14) 이승일, 2010, "저탄소·에너지절약도시 구현을 위한 우리나라 대도시의 토지이용-교통 모델 개발방향", 국토계획 제45권 제1호, 265-281쪽.

연령, 성별, 소득, 가구원 수 그리고 차량보유 여부 등의 가구 속성이 더 큰 영향을 미치는 요인인 것으로 알려져 있다.[15] 한편, 서울시를 대상으로 한 일부 사례에서, 거주자의 여가시설 이용과 관련한 거주자 및 공간구조 특성이 모두 커뮤니티 인근지역과 이격지역의 선택에 영향을 미칠 수 있음이 확인되었다.[16] 또한, 서울시를 대상으로 활동주체들이 거주하는 지역의 물리적 특성과 개인적 특성이 여가활동을 위한 통행 소요시간에 미치는 영향에 대하여 다중회귀분석을 적용한 결과, 주거지의 물리적 특성과 여가활동 주체들의 개인적 특성 모두가 통행 소요시간에 유의미한 영향요인임이 실증적으로 분석되었다[17](박성호, 2015).

이와 같이, 개인 또는 가구의 생애주기를 고려한 연령별 여가활동 수요의 파악에 더하여 지역 특성을 동시에 고려하여 여가활동의 통행특성을 살펴보는 것은 중요한 연구주제이다. 이러한 분야에 대한 연구 결과는 장래 발생할 여가활동이 수반하는 통행에 대한 예측 또는 현재 발생되고 있는 통행에 대한 현황파악을 위한 수단을 개발할 수 있는 단초가 될 수 있으며, 향후 도시 내 교통 관련 문제의 해결을 위한 정책의 기초자료가 될 수 있을 것이다.

---

15) 김상황, 윤대식, 김갑수, 2004, "도시 여가활동 참여형태 및 요인분석", 대한교통학회지 제22권 제3호, 41-48쪽.

16) 박강민, 최창규, 2012, "근린 토지이용 특성이 근린 내·외부 쇼핑 및 여가시설 선택에 미치는 영향: 서울시를 대상으로", 국토계획 제47권 제3호, 249-263쪽.

17) 박성호, 임하나, 최창규, 2016, "주중 여가통행에 영향을 미치는 개인 및 출발지 근린환경 특성 분석", 국토계획 제51권 제5호, 183-197쪽.

2. 연령계층별 여가활동 목적통행량 변화

서구 선진사회가 이미 경험한 '제2차 인구 변천(the 2nd demographic transition)' 현상은 최근 우리나라에서 '저출산·고령화'로 대표되는 인구학적 변화 추세와 유사한 성격을 지닌다. 이러한 변화는 여가활동 발생 패턴에 영향을 주고 있으며, 가장 두드러지게 나타나는 현상은 여가활동 발생과 관련한 핵심 연령층에서의 변화이다.

이러한 현상을 확인하기 위해 여가활동에 포함될 수 있는 목적통행량의 연령별 점유율 변화에 대하여 분석하였다. 분석의 대상은 여가의 개념에 포함할 수 있는 활동유형들이며, 가구통행실태조사의 통행 목적 중에서는 여가·오락·외식·친지방문, 쇼핑, 그리고 기타목적 통행이 이에 해당한다. 주거지를 기점으로 하는 여가활동 목적통행에 대한 연령계층별 변화에 대한 시계열적 통계모형을 구축하기 위하여, 2006년과 2010년에 조사된 가구통행실태조사의 목적통행량을 분석하였다.

이를 위하여, 가구통행실태조사 자료에 포함된 통행주체들의 연령 정보를 기초로 5세 단위의 연령계층 구분을 실행하였다. 그리고 분석의 대상이 되는 여가·오락·외식·친지방문, 쇼핑, 그리고 기타목적의 전체 통행량에서 차지하는 연령계층별 통행량의 비중을 확인하였다. 주요한 분석 내용으로는 여가활동 목적통행 비중이 가장 큰 값을 나타내는 연령계층의 변동에 대한 검토, 연령계층에 따른 여가활동 목적통행 비중에 대한 비선형 회귀식의 도출, 그리고 평균 제곱 오차(mean squared error; MSE) 산출을 통한 회귀식의 정확도 변화 양상 확인 등이다.

2006년의 연령계층별 여가활동 목적통행 비중에 대한 분석 결과는 다음의 그림들([그림 3-1]~[그림 3-4] 참조)과 같다.

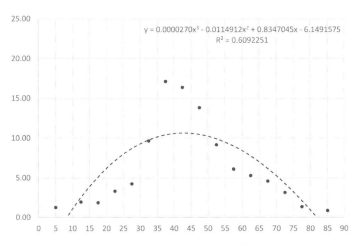

[그림 3-1] 연령별 목적통행(여가활동 종합): 2006년

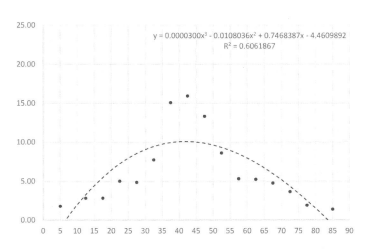

[그림 3-2] 연령별 목적통행(여가·오락·외식·친지방문): 2006년

30대 후반부터 40대 후반까지 연령계층에서 전반적인 여가활동
목적통행의 비중이 최대를 보였으며(각 연령계층별로 약 17.10%,
16.36%, 13.81% 수준), 연령계층별 여가활동 목적통행 비중의 분포
를 대표하는 회귀식은 3차함수 곡선인 것으로 확인되었다.

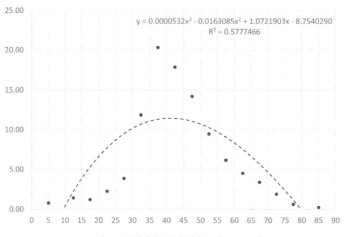

[그림 3-3] **연령별 목적통행(쇼핑): 2006년**

　회귀식의 설명력(R^2)은 60.92%로 높은 수준을 나타냈으며, 회귀
식에서 여가활동 목적통행 비중이 최대인 연령은 42.76세로 확인되
었다([그림 3-1] 참조).

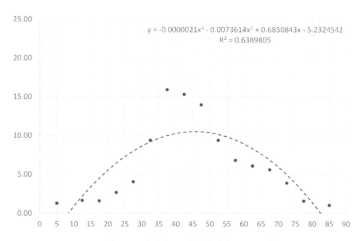

[그림 3-4] 연령별 목적통행(기타): 2006년

여가활동 목적통행의 유형을 세분하여, 여가활동 목적통행에 대한 종합적인 분석결과와 비교하면 [표 3-1]과 같다.

[표 3-1] 여가활동 목적통행량의 세부목적별 분석 결과(2006년)

구분		여가활동 종합	여가·오락·외식·친지방문	쇼핑	기타
여가활동 비중 최대 연령계층		35~40세	40~45세	35~40세	35~40세
회귀식	R^2	0.6092	0.6062	0.5777	0.6390
	상수항	-6.1491575	-4.4609892	-8.754029	-5.2324542
	x	0.8347045	0.7468387	1.0721903	0.6850843
	x^2	-0.0114912	-0.0108036	-0.0163085	-0.0073614
	x^3	0.0000270	0.0000300	0.0000532	-0.0000021
최댓값 연령		42.76	41.86	41.16	45.64
MSE		10.72	16.80	8.12	8.92

주1) 자료: 2006년 수도권 가구통행실태조사

주2) $MSE = \dfrac{1}{n} \sum_{i=1}^{n} \left(\widehat{Y_i} - Y_i \right)^2$

여가활동 비중이 최대인 연령계층은 여가·오락·외식·친지방문 목적에서만 40~45세였고, 나머지 여가활동 세부목적에서는 35~40세 연령계층에서 최대로 나타났다. 연령계층에 따른 여가활동 목적통행 비중 분포를 대표하는 회귀식은 모든 세부목적에서 3차함수 곡선인 것으로 확인되었고, 설명력은 기타목적 여가활동에서 63.90%로 최대, 쇼핑목적 여가활동에서 57.77%로 최소를 보였으나, 전반적으로는 60% 정도의 준수한 설명력이 산출되었다. 3차함수 곡선에서 세부적인 여가활동 목적통행량이 최대가 되는 연령을 산출한 결과, 기타목적 여가활동을 제외하고 나머지 세부적인 여가활동 목적통행에서 실제 여가활동 목적통행량에서 차지하는 비중이 최대인 연령계층과 유사한 결과가 도출되었다. 또한, 실제 연령계층별 여가활동 목적통행량과 3차함수 회귀식에서 추정된 연령계층별 여가활동 목적통행량 간의 오차에 대한 제곱합의 평균치를 나타내는 지표(MSE)는 여가·오락·외식·친지방문 목적에서 최대(16.80)를 보이는 것으로 확인되었다.

2010년의 연령계층별 여가활동 목적통행 비중에 대한 분석 결과는 다음의 그림들([그림 3-5]~[그림 3-8] 참조)과 같다. 30대 후반부터 50대 초반까지 연령계층에서 전반적인 여가활동 목적통행의 비중이 최대를 보였으며(각 연령계층별로 약 11.12%, 14.22%, 12.31%, 12.37% 수준), 연령계층별 여가활동 목적통행 비중의 분포를 대표하는 회귀식은 2006년과 마찬가지로 3차함수 곡선인 것으로 확인되었다. 회귀식의 설명력(R^2)은 76.80%로 상당히 높은 수준을 나타냈으며, 회귀식에서 여가활동 목적통행 비중이 최대인 연령은 53.26세로 확인되었다([그림 3-5] 참조).

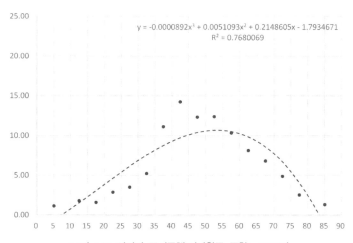

[그림 3-5] 연령별 목적통행(여가활동 종합): 2010년

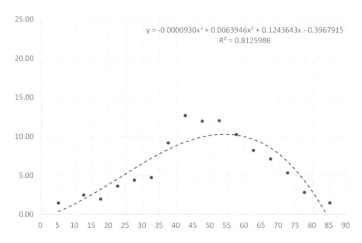

[그림 3-6] 연령별 목적통행(여가·오락·외식·친지방문): 2010년

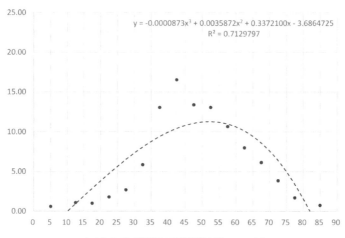

$y = -0.0000873x^3 + 0.0035872x^2 + 0.3372100x - 3.6864725$
$R^2 = 0.7129797$

[그림 3-7] 연령별 목적통행(쇼핑): 2010년

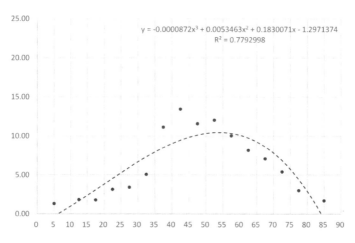

$y = -0.0000872x^3 + 0.0053463x^2 + 0.1830071x - 1.2971374$
$R^2 = 0.7792998$

[그림 3-8] 연령별 목적통행(기타): 2010년

여가활동 목적통행의 유형을 세분하여, 2010년의 여가활동 목적
통행에 대한 종합적인 분석결과와 비교하면 [표 3-2]와 같다. 여가활

동 비중이 최대인 연령계층은 모든 여가활동 세부목적에서는 40~45세 연령계층이었다. 연령계층에 따른 여가활동 목적통행 비중 분포를 대표하는 회귀식은 모든 세부목적에서 3차함수 곡선인 것으로 확인되었고, 설명력은 여가·오락·외식·친지방문 목적 여가활동에서 80%를 넘는 값을 나타냈고 쇼핑목적 여가활동에서 71.30%로 최소를 보였으나, 전반적으로 70% 이상의 높은 설명력이 산출되어, 2006년보다 양호한 분석결과가 확인되었다. 3차함수 곡선에서 세부적인 여가활동 목적통행량이 최대가 되는 연령을 산출한 결과, 세부적인 여가활동 목적통행 모두에서 실제 여가활동 목적통행량에서 차지하는 비중이 최대인 연령계층과 상이한 50대 초반의 결과가 도출되었다. 이는 3차함수 회귀곡선의 형태 변화와 관련이 있다.

[표 3-2] **여가활동 목적통행량의 세부목적별 분석 결과(2010년)**

구분		여가활동 종합	여가·오락· 외식·친지방문	쇼핑	기타
여가활동 비중 최대 연령계층		40~45세	40~45세	40~45세	40~45세
회귀식	R^2	0.7680	0.8126	0.7130	0.7793
	상수항	-1.7934671	-0.3967915	-3.6864725	-1.2971374
	x	0.2148605	0.1243643	0.3372100	0.1830071
	x^2	0.0051093	0.0063946	0.0035872	0.0053463
	x^3	-0.0000892	-0.000093	-0.0000873	-0.0000872
	최댓값 연령	53.26	54.08	52.10	53.86
MSE		4.50	8.03	2.81	3.74

주1) 자료: 2006년 수도권 가구통행실태조사

주2) $MSE = \dfrac{1}{n} \sum_{i=1}^{n} \left(\hat{Y_i} - Y_i \right)^2$

또한, 실제 연령계층별 여가활동 목적통행량과 3차함수 회귀식에서 추정된 연령계층별 여가활동 목적통행량 간의 오차에 대한 제곱합의 평균치를 나타내는 지표(MSE)는 모든 세부적인 여가활동 목적통행에서 2006년보다 개선된 결과가 확인되었다.

2006년과 2010년의 분석결과 간 비교를 통해 확인된 결과를 요약하면 다음과 같다. 첫째, 연령계층에 따른 여가활동 목적통행 비중을 대표하는 3차함수 곡선이 전체적으로 우측 방향으로 이동하는 패턴을 보였다. 이는 전체 여가활동 목적통행에서 차지하는 비중이 인구학적 고령화에 맞물려 연령계층의 상승 현상이 발생하는 것으로 해석할 수 있다. 둘째, 3차함수 회귀식의 설명력과 MSE 지표값의 개선이 뚜렷하게 확인되었다. 2006년의 60% 수준에서 2010년의 경우는 70%를 넘어서는 결과를 보였으며, MSE 지표 역시 2006년에 비해 2010년에 모든 세부 여가활동 목적통행에서 감소하였다. 이는 여가활동 목적통행에 대한 연령계층별 비중에 대한 예측 가능성을 시사하는 결과이다.

2006년과 2010년에 대한 여가활동 목적통행의 연령계층별 비중에 대한 분석결과를 기초로, 다음과 같은 주거지 기반 여가활동 발생과 관련한 목적통행 모형을 구축할 수 있으며, 이는 저출산·고령화와 같은 인구학적 변화를 반영할 수 있는 여가활동 통계모형으로서의 의미를 지닌다.

$$TR_{x_g}^L = \alpha + \beta_1 x_g + \beta_2 x_g^2 + \beta_3 x_g^3 \quad \text{[수식3-1]}$$

단, TR_g^L: 연령 x_g의 여가활동 목적통행 발생 비율

α: 상수항

β_1, β_2, β_3: 파라미터

$$T_{x_g}^L = T_{x_g} \times TR_{x_g}^L \quad [\text{수식3-2}]$$

단, $T_{x_g}^L$: 연령 x_g의 여가활동 목적통행량

T_{x_g} : 연령 x_g의 총 여가활동 목적통행량

3. 여가활동 목적통행 발생의 실증분석

주거지를 기점으로 하는 여가활동 목적통행의 발생에 영향을 미치는 가구속성과 지역속성에 대하여 확인하기 위한 실증분석은 2010년 수도권 가구통행실태조사의 설문조사 원자료를 활용하였다. 주거지 기점의 여가활동 목적통행 발생에 초점을 맞추기 위해, 이 기초자료 중 여가활동 목적통행의 기점을 '집'으로 한정하여 분석을 위한 표본자료를 추출하였다.

분석자료의 총 목적통행 및 여가활동 목적통행 발생량과 비율은 수도권 내 지역별로 차이가 있었다([표 3-3] 참조). 여가활동 목적통행의 비율은 서울특별시에서 가장 높았으며(11.53%), 인천광역시 거주가구는 상대적으로 낮았다(9.85%). 그리고 수도권 전체 여가활동 목적통행 중 서울특별시를 기점으로 하는 여가활동 목적통행은 55.39%로 절반 이상이었다.

[표 3-3] 지역별 총 목적통행과 여가활동 목적통행

구분	총 목적통행	여가활동 목적통행	여가활동 목적통행 비율(%)
서울특별시	263,009	30,334	11.53
인천광역시	56,816	5,596	9.85
경기도	171,672	18,834	10.97
전체	491,497	54,764	11.14

자료: 2010년 수도권 가구통행실태조사

주거지를 기점으로 하는 여가활동 목적통행 발생에 대한 실증분석을 위하여, 앞서 확인한 선행연구의 영향요인 그리고 활용자료에서의 구득 가능한 속성정보 여부를 고려하여 가구 및 지역속성의 세부 설명변수를 설정하였다. 가구 생애주기 단계 구분은 국제노동기구(International Labor Organization; ILO)에서 정의하는 연령구분 기준을 준용하여, 가구주의 연령을 기준으로 청(소)년, 중장년, 노년 등으로 구분하였다. 실증분석은 가구단위로 분석하였으며, 가구의 생애주기 단계별 여가활동 목적통행 발생에 대한 영향요인을 검토하기 위하여 가구별 여가활동 목적통행 여부를 종속변수로 하는 이항로짓 모형(binary logit model)을 구축하여 분석한 결과는 다음과 같다([표 3-4] 참조).

[표 3-4] 가구 생애주기 단계별 여가활동 발생의 영향요인 분석 결과

변수		전체 가구	청(소)년	중장년	노년
상수		-3.386 ***	-3.955 ***	-3.054 ***	-2.793 ***
가구속성	가구원 수	.248 ***	.490 ***	.224 ***	.165 ***
	가구원 평균나이	.031 ***	.011	.023 ***	.030 ***
	여성 가구원 비율	.265 ***	.073	.267 ***	.292 ***
	소득수준 (300만 원 이상)	-.005	.213 **	-.030 *	-.027
	자가용 보유 (있음)	.109 ***	.311 ***	.164 ***	.059 *
지역속성	주택유형 (아파트)	.252 ***	.061	.266 ***	.083 ***
	철도역 도달시간	-.002 ***	-.001	-.002 ***	-.004 ***
	버스정류장 도달시간	-.008 ***	-.000	-.008 ***	-.010 **
적합도	-2LL	190132.188	3241.514	161963.691	24459.946
	χ^2	4814.148 ***	193.493 ***	2524.711 ***	239.742 ***

주) *: p-value<.1, **: p-value<.05, ***: p-value<.01

전체가구를 대상으로 하는 여가활동 목적통행의 발생에 대한 영향요인과 관련하여, 소득을 제외한 가구속성은 모두 정(+)의 영향을 미치는 것을 확인되었다. 가구원 수와 가구원 평균 나이가 많고 여성 가구원 비율이 높으며 자가용을 보유하고 있는 가구의 여가활동 목적통행의 발생확률이 높다는 것을 확인할 수 있다. 반면, 지역속성 측면에서 아파트 거주 여부는 여가활동 목적통행에 정(+)의 영향, 철도역과 버스정류장으로의 도달 시간은 여가활동 목적통행 발생의 확률을 감소시키는 것으로 나타났다. 이는 아파트 내부에 일정 정도의 여가활동 관련 시설이 설치되지만 자가용 보유 및 대중교통 이용성에 의한 영향을 고려할 때, 주거지 주변 시설에 대한 이용보다는 일정거리가 이격된 지역에서 여가활동을 영위하려는 성향이 있음을 추정할 수 있다.

가구 생애주기 단계별 영향요인 분석 결과는 다음과 같다. 첫째, 청(소)년층의 경우, 가구속성 측면에서 가구원 수가 많고 소득수준이 높으며 자동차를 보유한 경우에 여가활동 목적통행 발생확률이 증가하는 것으로 확인되었으나, 지역속성 관련 변수들은 유의하지 않았다. 둘째, 중장년층 가구에서는 실증분석에 포함된 모든 변수가 유의미한 것으로 나타났다. 변수별 회귀계수의 부호는 전체 가구를 대상으로 한 분석 결과와 동일하였고 그 크기 역시 유사하였으나, 소득수준이 유의한 부(-)의 영향요인인 특징을 보였다. 이는 해당 가구의 생애주기 단계상 가구 구성원 중 학령기 자녀의 존재에 따른 상대적으로 낮은 여가활동 발생확률로 해석할 수 있다. 셋째, 노년층에 대한 분서 결과 역시 유의미한 영향요인과 그 방향성이 동일한 것으로 확인되었으나, 영향요인별 회귀계수의 크기는 다소 달라졌다. 특히, 지역속성 중 아파트 거주 여부에 따른 영향력은 상대적으로 작았고 교통수단 이용과 관련한 변수의 영향력은 상대적으로 큰 것으로 확인되었다.

이와 같은 실증분석 결과를 토대로, 가구단위의 주거지 기점의 여가활동 목적통행 발생 모형을 제시하면 다음과 같다.

$$p = \frac{\exp(b_0 + \sum_i b_i X_i + \sum_j b_j X_j)}{1 + \exp(b_0 + \sum_i b_i X_i + \sum_j b_j X_j)} \qquad \text{[수식3-3]}$$

단, p: 가구유형별 여가활동 목적통행 발생확률

　　b_0: 상수항, b_i, b_j: 파라미터

　　X_i: 가구속성 설명변수, X_j: 지역속성 설명변수

$$T_g^L = H_g \times p \qquad \text{[수식3-4]}$$

단, T_g^L: 가구유형 g의 여가활동 목적통행량

　　H_g: 가구유형 g의 총 가구 수

제2절 연령계층별 여가활동의 목적지 선택[18)]

　도시공간에서의 토지이용 변화는 도시민의 활동패턴에 변화를 야기한다. 이는 도시공간구조를 형성하는 요소들 간의 긴밀한 공생적 관계, 즉 토지이용과 교통의 상호작용에 의해 도시 내부의 개별 지역에 대한 도시활동의 입지적 잠재력이 결정되기 때문이다.[19)] 도시 내부공간은 주거, 상업, 공업, 녹지 등 각자 기능이 상이한 토지이용으로 구분되며, 해당 지역마다의 특성과 도시활동에 대한 잠재력의 크기에도 차이가 존재한다. 또한, 도시민은 일상생활의 영위를 위해 다양한 목적의 통행을 수행할 뿐만 아니라 개인마다의 통행 목적지 선택 기준과 실제 선택 결과 역시 다를 수 있다. 통행목적이 동일한 도시민이라 할지라도 해당 시점의 교통량 분포에 따라 개인의 선택은 영향을 받게 된다.[20)] 이와 같이 개인마다 다를 수 있는 통행의

---

18) 이 절의 주요 내용은 한국연구재단의 2014년 인문사회공동연구지원사업(NRF-2014S1 A5A2A03066099)과 2016년 이공학개인기초연구사업(NRF-2016R1D1A1B03930624)의 지원에 의해 수행된 연구 결과물을 수정·보완한 것임(고승욱, 김기중, 이창효, 2017, "토지이용 특성과 도시활동 잠재력이 여가통행의 연령대별 목적지 선택에 미치는 영향 요인 연구", 서울도시연구 제18권 제1호, 43-58쪽).

19) 남영우, 2012, 도시공간구조론, 법문사.
이창효, 2012, 토지이용-교통 상호작용을 고려한 주거입지 예측모델 연구, 서울시립대학교 박사학위논문.

20) 채윤식, 2014, 서울시 쇼핑·여가통행 패턴변화에 의한 도시 내 새로운 결절지역 형상과 통행의 공간적 특성 변화, 서울대학교 석사학위논문.

선택과정에서 통행자의 '연령'은 중요한 영향 요인으로 작용할 수 있다.[21] 고령자와 청년이 동일한 통행목적을 갖더라도 고령자가 요구하는 시설물이나 토지 이용상 특징은 청년의 그것들과는 다를 수 있기 때문에, 연령이라는 요소는 통행 행태에서의 특성과 목적지 선택을 차별화하는 중요한 기준 지표가 될 수 있다.

한편, 2000년대 이후 우리나라에서의 저출산·고령화로 대표되는 인구구조의 변화, 소득수준 향상, 주 5일 근무제의 본격 적용, 여가 활동에 대한 사회적 인식의 변화 그리고 교통수단과 기반시설의 발달 등은 여가활동 관련 통행량의 빠른 증가 원인이 되고 있다.[22] 여가활동의 목적 통행량 증가는 여가활동 영위를 위한 도시민의 수요 증가와 관련이 있으며, 이에 대응하여 제반시설의 확충이 요구됨을 의미한다. 실제로, '국민 여가활동 조사'에 따르면, 노동시간은 2012년 49.1시간에서 2014년 47.2시간으로 집계된 반면, 개인별 연평균 휴가일은 2012년의 5.1일에서 2014년에는 6.0일로 증가한 것으로 확인되었다. 또한, 여가활동 활성화를 위한 여가시설 확충에 대한 필요성에 63.6%가 우호적으로 답한 조사결과 역시 확인되었다.[23] 이에 대응하여, 최근 중앙정부와 지방자치단체는 여가·관광 활성화를 위한 토지이용 관련 제도의 유연화, 토지이용 자체의 복합화, 여가활동에 대한 복지 차원의 지원 등 다양한 정책방안에 대하여 논의가 진행 중이다. 이와 같이, 향후에도 지속적인 증가가 예상되는 여

21) 신임호, 2012, 서울시 지하철 통행패턴을 통한 연령계층별 활동중심지 분석연구, 한양대학교 박사학위논문.
22) 장윤정, 2013, 가구유형별 여가통행패턴의 영향요인에 관한 실증연구: 가구의 생애주기를 중심으로, 서울시립대학교 박사학위논문.
23) 문화체육관광부, 2014, 국민여가실태조사 -연구보고서-.

가활동에 대하여, 여가활동의 목적지 선택 행태에 대한 활동주체들의 속성, 선호요인, 그리고 활동 목적지의 물리적 특성들에 관하여 여가활동 목적통행 측면에서의 심층적인 분석이 요구되고 있다.

이러한 배경하에, 이 절에서는 대도시권 내부 공간의 토지이용 특성과 도시활동 잠재력이 여가활동의 연령계층별 목적지 선택에 미치는 영향에 대하여 확인하고자 한다. 특히, 여가활동과 관련한 토지이용 특성이 도시민의 여가활동에 미치는 영향을 확인함으로써 급격한 인구학적 변화기에 직면한 우리 사회에 부합하는 적절한 계획 및 정책적 시사점을 제공하고자 한다. 이를 위하여, 설정한 실증분석의 공간적 범위는 우리나라의 대표적 대도시이자 여가활동 관련 제반시설이 타 도시들에 비해 상대적으로 양호한 수준으로 보유하고 있는 서울시이며, 서울시 내부의 424개 행정동을 분석의 기초 공간단위로 설정하였다. 시간적 범위는 '가구통행 실태조사'의 자료 활용이 가능한 2010년이다. 실증분석의 대상은 '가구통행 실태조사' 자료의 조사대상 중 여가활동 목적통행으로 한정하였다.

1. 여가활동 목적통행 관련 선행연구 검토

1) 여가활동 목적통행의 영향 요인

이론적으로, 목적과 수단에 대한 통행의 규모와 패턴은 토지이용과 교통의 상호작용으로 인해 결정된다.[24] 이러한 관점에 기초할

---

24) Wegener, M., 1996, "Reduction of CO2 emissions of transport by reorganisation of urban activities", *Transport, Land-Use and the Environment*, Dordrecht: Kluwer Academic Publishers, 103-124.

때, 여가활동 목적통행에 영향을 미치는 요인에는 통행주체의 내적 속성과 함께 물리적 공간과 관련한 외부적 속성이 포함될 수 있다. 이 중 외부적 속성에 해당하는 공간적 요소는 여가활동 목적통행의 기·종점에서의 토지이용과 교통 부문 세부속성과 구성을 의미한다.[25] 이러한 외부적 속성에 대하여, 여가활동 목적통행에 미치는 영향 요인을 확인하기 위해 다중회귀분석이나 이항로짓 분석 등의 계량적인 통계모형을 적용한 연구들이 수행되었다.[26]

여가활동 목적통행에 대해 긍정적인 영향을 미치는 토지이용 측면의 대표적인 변수는 토지이용의 용도 복합도, 상업용 건축물 연면적, 여가산업 종사자 수 그리고 평균 공시지가 등이며, 부정적인 영향을 미치는 변수는 주거용 건축물 연면적과 인구밀도가 대표적이다. 그리고 여가활동 목적통행의 기·종점에 대한 교통 측면의 대표적 변수로는 여가활동을 위해 소요되는 통행시간, 대중교통수단 이용을 위한 이동거리, 자가용 이용성 등이 확인되고 있다.

2) 도시활동 잠재력과 통행 특성

일반적으로, 도시활동은 도시공간 내부를 구성하는 지역 간의 이동을 기초로 이루어지기 때문에,[27] 이동을 수반하는 접근성이 높은

---

25) 장윤정, 2013, 앞의 책.

26) 성현곤, 신기숙, 노정현, 2008b, "서울시의 주차 및 대중교통 이용여건이 통행목적별 교통수단 선택에 미치는 영향", 대한교통학회지 제26권 제3호, 97-107쪽.
   최숙희, 2009, "여가활동 유형과 정책과제: 연령과 가구소득 중심으로", 여성경제연구 제6권 제2호, 111-128쪽.
   서동환, 장윤정, 이승일, 2011, "보상메커니즘을 고려한 도시공간구조측면에서의 평일통근통행과 주말여가통행 상호관계분석", 국토계획 제46권 제7호, 89-101쪽.
   신임호, 2012, 앞의 논문.
   김원철, 2013, "고령자와 비고령자의 여가통행시간 이질성 연구–충남도시권과 농어촌권을 중심으로-", 한국ITS학회논문지 제49권 제5호, 87-97쪽.

지역일수록 도시 내 활동의 잠재력도 높아진다고 할 수 있다. 도시
민이 도시활동을 위해 이동할 경우, 지역 간 이동의 편의성과 관련
하여 다양한 측면을 고려하게 된다. 특히, 통행수단 측면에서, 자가
용을 선택할 시에는 활동 목적지에서의 주차 용이성, 그리고 버스와
지하철 등 대중교통수단을 선택할 경우에는 이동시간과 대기시간
그리고 환승 여부 등이 선택에 영향을 미치게 되며,[28] 이러한 요소
들은 지역 간 이동을 위한 접근성에 포함된다.

도시공간에서 이루어지는 활동의 유형을 통근목적 활동과 비통근
목적 활동으로 크게 구분하면, 전자와 관련한 연구[29]에서는 이동성
또는 접근성이 통행수단 선택에 미치는 영향에 초점을 맞추었다. 반
면, 후자에 대한 연구[30]에서는 이동성 또는 접근성이 통행수단에 대

27) 노시학, 1994, "서울시 노령인구의 통행패턴 분석", 한국지리학회지 제14권 제2호,
   91-107쪽.
28) 성현곤, 신기숙, 노정현, 2008b, 앞의 논문.
29) Frank, L.D. and Pivo, G., 1994, "Impacts of Mixed Use and Density on Utilization of
   Three Modes of Travel: Single-Occupant Vehicle, Transit, and Walking", *Transportation
   research record*, 1466: 44-52.
   Cervero, R. and Kockelman, K., 1997, "Travel Demand and The 3ds: Density, Diversity,
   and Design", *Transportation Research Part D: Transport and Environment*, 2(3): 199-219.
   Krygsman, S., Dijst, M. and Arentze, T., 2004, "Multimodal public transport: an analysis
   of travel time elements and the interconnectivity ratio", *Transport Policy*, 11(3): 265-275.
   전명진, 1997, "토지이용패턴과 통행수단 간의 관계: 서울의 통근통행수단을 중심으로",
   대한교통학회지 제15권 제3호, 39-49쪽.
   김성희, 이창무, 안건혁, 2001, "대중교통으로의 보행거리가 통행수단선택에 미치는 영
   향", 국토계획 제37권 제7호, 297-307쪽.
   신상영, 2004, "토지이용과 자동차 의존성 간의 관계-서울시를 사례로", 서울도시연구
   제5권 제1호, 71-93쪽.
   장성만, 안영수, 이승일, 2011, "행정동별 접근도가 교통수단별 분담률에 미치는 영향분
   석", 국토계획 제45권 제4호, 43-54쪽.
30) 윤대식, 1999, "통근통행 이전의 비통근통행 발생여부와 교통수단 선택행태 분석", 대한
   교통학회지 제17권 제5호, 57-65쪽.
   추상호, 2012, "서울시 주말통행특성 분석 연구", 한국ITS학회논문지 제11권 제3호,
   92-101쪽.
   장윤정, 이창효, 2016, "20~30대 1인가구의 여가통행 목적지 공간선택과 선호에 관한

한 선택보다는 목적지의 선택에 더 유의미한 영향을 미친다고 하였다. 이는 비통근 목적통행의 경우, 통행주체가 목적지를 통근 목적통행에 비해 상대적으로 자유롭게 선택할 수 있기 때문이다. 또한, 이동성 또는 접근성은 도시공간 내 지역별 경제규모나 활동의 잠재력에 의해서도 달라질 수 있으며, 도시활동의 목적에 따라서도 이동성 또는 접근성에 지역별 차이가 존재할 수 있음이 확인되었다.[31]

3) 여가활동과 활동주체의 속성

여가활동의 패턴은 활동주체가 지닌 속성에 따라 달라질 수 있다(장윤정, 2015). 특히, 연령계층에 따라 서로 다른 여가활동 참여 행태가 나타나는데,[32] 이는 여가활동 자체가 지니고 있는 개념적 포괄성과 함께, 연령에 따른 생애주기 단계별 여가활동에 대한 관심사의 차별성 때문이다.[33] 이에 근거하여, 그동안 특정 연령계층에 대한 여가활동의 연구가 활발히 이루어졌다. 대표적으로, 고령자를 대상으로 한 연구,[34] 도시공간 내부에서의 여가활동 범위가 타 연령계층

행태특성", 서울도시연구 제17권 제2호, 77-96쪽.

31) Yi, C. and Lee, S., 2014, "An empirical analysis of the characteristics of residential location choice in the rapidly changing Korean housing market", *Cities*, 39: 156-163.

32) Leitner, M. J. and Leitner, S. F., 2004, *Leisure in later life*. Haworth Press.
Gibson, H. J., 2006, "Leisure and later life: Past, present and future", *Leisure Studies*, 25(4): 397-401.
최자은, 최승담, 2014, "사회계층별 도시 내 여가목적 이동성 변화특성 분석-사회네트워크분석을 활용하여-", 관광학연구 제38권 제1호, 68-82쪽.

33) Morgan, D.H.J., 1986, *The Family, Politics and Social Theory*, Routledge: London and New York.

34) Tacken, M., 1998, "Mobility of the Elderly in Time and Space in the Netherlands: An Analysis of the Dutch National Travel Survey", *Transportation*, 25: 379-399.
Kim, S. and Ulfarsson, G., 2004, "Travel mode choice of the elderly: effects of personal, household, neighborhood, and trip characteristics", *Transportation Research Record*, 1894:

에 비해 상대적으로 넓은 대학생 대상의 연구[35] 그리고 신혼부부나 미취학아동을 보유한 가구 등과 같이 특정 가구유형에 대한 연구[36] 등이 있다.

이와 같은 선행연구들의 주요 결과를 요약하면, 고령층은 비고령 층과 달리 여가시설의 규모보다는 재래시장, 한의원 등 고령층 특유의 선호시설을 위주로 한 여가활동이 이루어진다. 반면, 대학생은 소속 가구의 소득수준에 따라 여가활동의 패턴에 차이를 보이지만, 주로 여가활동 관련 시설이 다양하고 충분한 지역에서 활동량이 집중하는 것으로 나타났다. 또한, 가구 구성원의 유형(1인 가구, 신혼

117-126.

조남건, 윤대식, 2002, "고령자의 통행수단 선택 시 영향을 주는 요인 연구", 국토연구 제33권, 8-144쪽.

노시학, 1994, 앞의 논문.

추상호, 이향숙, 신현준, 2013, "수도권 가구통행실태조사 자료를 이용한 고령자의 통행 행태 변화 분석", 국토연구 제76권, 31-45쪽.

35) Moiseeva, A., Timmermans, H., Choi, J. and Joh, C. H., 2014, "Sequence Alignment Analysis of Variability in Activity Travel Patterns Through 8 Weeks of Diary Data", *Transportation Research Record*, 2412: 49-56.

Rasouli, S., Timmermans, H. and van der Waerden, P., 2015, "Employment status transitions and shifts in daily activity-travel behavior with special focus on shopping duration", *Transportation*, 42(6): 919-931.

강유원, 강동수, 김지희, 2002, "대학생의 여가활동 실태에 관한 연구-서울지역 대학생 들을 중심으로-", 한국체육철학회지 제10권 제1호, 35-52쪽.

박민규, 박순희, 2008, "여자대학생의 여가소비성향 유형에 관한 연구", 여가학연구 제6 권 제2호, 83-107쪽.

김지현, 김재석, 2009, "선호하는 여가활동과 여가공간의 이동거리시간 관계분석-대학생 을 중심으로-", 한국항공경영학회지 제7권 제2호, 33-48쪽.

36) 남은영, 최유정, 2008, "사회계층 변수에 따른 여가 격차-여가 유형과 여가 및 삶의 만 족도를 중심으로", 한국인구학 제31권 제3호, 57-84쪽.

이성림, 김기옥, 2009, "우리나라 독신가구의 여가활동 소비지출패턴에 관한 연구", 소 비문화연구 제12권 제3호, 105-123쪽.

장미나, 한경혜, 2015, "일·가족·여가활동 시간비율로 살펴본 맞벌이부부의 역할분배 유형과 유형별 일상 정서경험", 가족과문화 제27권 제2호, 98-129쪽.

장윤정, 2015, "가구생애주기별 여가관광이동 행태 특성분석: 거주기에서 여가관광목적 지를 중심으로", 관광연구저널 제29권 제8호, 111-123쪽.

부부 가구, 미취학아동 보유가구)별로 여가활동 수행을 위한 이동거리나 목적지 선택 행태가 다르다는 것이 확인되었다.

4) 여가활동 목적통행 관련 선행연구 고찰의 소결

선행연구를 검토한 결과, 토지이용 특성과 도시활동 잠재력은 여가활동의 목적지 선택 단계에서의 핵심 변수임을 확인할 수 있다. 그러나 이러한 변수들이 여가활동 목적통행에 미치는 영향을 총체적이고 상세하게 다룬 사례는 많지 않다. 그리고 활동주체의 속성, 그중에서도 연령계층에 따라 여가활동의 패턴에 차이가 발생할 수 있음이 확인되었다. 그러나 상당수 선행연구들이 특정 연령계층에 국한한 여가활동에만 초점을 맞춘 한계가 있다.

이 절에서 수행할 실증분석이 지니는 차별성은 다음과 같이 정리할 수 있다. 첫째, 여가활동의 목적지 선택과 관련하여 선행연구에서보다 세부적인 토지이용 특성과 도시활동 잠재력에 대하여 검토하는 데 초점을 맞추었다. 토지이용 특성과 관련하여, 여가산업의 규모, 건축물의 주 용도와 규모, 용도 복합도, 토지의 공시지가 그리고 여가활동 관련 시설의 해당지역 내 존재 여부 등을 반영함으로써, 보다 다양한 토지이용 특성의 영향을 확인하고자 하였다. 또한, 도시활동 잠재력 측면에서, 일부 선행연구에서 주로 적용했던 통행수단별 이용 편의성과 함께, 여가활동 부문의 중력모형에 기반한 Hansen형 잠재적 접근도를 산출하여 반영함으로써 개별 공간이 지니는 여가활동 통행 목적지로서의 입지적 매력도에 대하여 검토하였다. 둘째, 그간 진행되었던 연구들은 대상을 특정 연령계층에 국한하거나 연령계층을 구분하지 않고 여가활동에 대하여 분석하였으나, 이 절에서의 실증분석에서는 가구의 생애주기 변화를 전제한 종합적 관점에서 연령계층별 차이에 대한 분석을 수행하였다. 셋째, 실증분석을 위해 활용한 자료와 분석모형의 설정 기준에 있어서, 현시선호(revealed preference) 자료인 가구통행 실태조사 자료를 이용하여 여가활동 목적통행이 갖는 특징인 자유로운 목적지 선택 가능성을 반영할 수 있는 분석 방법론을 적용하였다.

2. 실증분석 모형과 변수 설정

1) 실증분석 모형

이 절에서의 실증분석은 여가활동 목적통행의 연령계층별 목적지 선택에 대한 것으로, 통행주체의 연령구분 기준 설정이 선행될 필요가 있다. 앞서 검토한 선행연구들에서 확인된 바와 같이, 연령은 개인의 여가활동 관련 선호에 차이를 유발하는 요인이다. 국내에서 수행된 설문조사 중 여가활동에 대한 실태조사에서는 '연령'을 10세 단위로 구분하였고 '가구형태' 구분을 위해 자녀 유무를 반영하여 여가활동 패턴을 분석하였다.[37] 널리 알려진 바와 같이, 연령은 개인 또는 가구의 생애주기 변화를 대표할 수 있는 지표 중 하나로, 가구의 생애주기 단계에 따라 여가생활에 대한 관심사에 차이가 있다는 견해[38]에 기초하여 여가활동에 인구·사회·경제적 특성이 큰 영향을 미친다는 연구[39]의 결과를 고려하여 연령계층 구분 기준을

---

37) 문화관광체육부, 2014, 앞의 책.

38) Rapoport, R. and Rapoport, R.R., 1975, *Leisure and the Family Life Cycle*, Routledge.

설정하였다.

실증분석을 위해, 연령을 기준으로 인구·사회·경제적인 특성에 대한 선행연구[40]를 참고하여 성인, 혼인여부, 자녀양육, 퇴직 등 생애주기 단계 변화의 주요 구분 시점을 [표 3-5]에서와 같이 구분하였다. 청소년층은 19세 이하이며 주로 미성년의 초·중·고등학생이 해당한다. 청년층과 중장년층은 청소년과 노년 사이의 연령계층으로, 성년, 혼인 여부, 자녀양육 등을 고려하여 청년은 20~34세 그리고 중장년은 35~64세에 해당한다.[41] 노년층은 경제활동과 관련한 퇴직연령을 고려하여 65세 이상으로 설정하였다.

[표 3-5] 연령별 생애주기 단계 구분

구분	연령	구분 기준 및 고려사항
청소년	19세 이하	미성년
청년	20~34세	성년, 혼인여부
중장년	35~64세	자녀양육
노년	65세 이상	퇴직

실증분석 모형은 '조건부 로지스틱 회귀모형(conditional logistic regression)'을 활용하였다. 조건부 로지스틱 회귀모형은 다항 로지스틱 회귀모형을 확장한 혼합적 로지스틱 회귀모형이다.[42] 조건부 로

---

39) 장윤정, 이창효, 2016, 앞의 논문.

40) Short, J.R., 1978, "Residential Mobility", *Progress in Human Geography*, 2: 419-447.
김태현, 2008, 서울시내 주거이동의 시·공간적 특성, 서울대학교 박사학위논문.
이창효, 2012, 앞의 책.

41) 서울시 거주민의 초혼 연령은 2015년 기준 남성 32.95세, 여성 30.80세임. 이를 고려하여, 첫 자녀 출산을 통한 자녀양육은 35세 이후의 연령구분 기준을 설정하였음.

42) McFadden, D., 1974a, "The measurement of urban travel demand", *Journal of Public Economic*, 3: 303-328.

지스틱 회귀모형을 일반적인 로지스틱 회귀모형과 비교하면, 다음과 같은 특징을 지닌다. 첫째, 일반적인 로지스틱 회귀모형은 반응변수가 지닐 수 있는 결과가 2개 이상의 이산적 범주일 때 사용되는 모형으로 반응변수의 관측범주가 설명변수들의 정보에 의해 결정된다. 반면에, 조건부 로지스틱 회귀모형에서 반응변수의 선택범주는 대안과 연관된 효용으로 설명된다.[43] 둘째, 일반적인 로지스틱 회귀모형은 개별 분석단위의 특성치와 반응변수와의 관계를 확인하고자 할 때 사용되나, 조건부 로지스틱 회귀모형은 다수 대안의 특성치와 반응변수와의 관계를 알아보고자 할 때 주로 활용된다.[44] 따라서 여가활동을 수행하기 위해 활동주체들이 다수의 대안 목적지 중 선택 행위를 하는 행태를 반영할 수 있는 방법으로, 이 절에서 수행하고자 하는 실증분석에 가장 적합한 분석방법론이라 할 수 있다.

일반적으로, 반응변수의 관측범주가 2개인 이항 로지스틱 회귀모형은 [수식 3-5]와 같이 표현할 수 있으며, 이는 관측 가능한 효용 대안에 대한 속성함수를 나타낸다. 이와 달리, 조건부 로지스틱 회귀모형은 여러 대안들 가운데 하나를 선택하는 예측 확률을 나타내며,[45] [수식 3-6]과 같이 나타낼 수 있다. i는 관측범주를 의미하며, m은 m번째 대안, j는 대안의 수를 나타낸다.

　　이혜숭, 이희연, 2009, "서울시 대중교통체계 개편 이후 통근 교통수단 선택의 차별적 변화", 대한지리학회지 제44권 제3호, 323-388쪽.

43) 성웅현, 박동련, 2001, "로버스트 추정에 근거한 수정된 다변량 T2-관리도", 품질경영학회지 제29권 제1호, 1-10쪽.

44) 전명진, 백승훈, 2008, "조건부 로짓 모형을 이용한 수도권 통근 수단선택 변화 요인에 관한 연구", 국토계획 제43권 제4호, 9-19쪽.

45) 조광래, 2010, "수도권 기업이전 지원정책의 효율성과 입지특성에 관한 연구", 서울행정학회 학술대회 논문집 제4권, 139-160쪽.

$$P(Y_i = 1|x_i) = \frac{\exp(\alpha + \beta \cdot x)}{1 + \exp(\alpha + \beta \cdot x)} \qquad \text{[수식3-5]}$$

$$P(Y_i = m|x_i) = \frac{\exp(x_{im}\beta)}{\sum_{j=1}^{n} \exp(x_{ij}\beta)} \qquad \text{[수식3-6]}$$

2) 종속변수와 설명변수

실증분석 모형의 종속변수는 여가활동 목적통행의 목적지인 424개 서울시 행정동이며, 이는 활동주체의 선택가능 대안에 해당한다. 선택대안과 다수의 미선택대안 간 비교를 토대로 분석을 수행하는 조건부 로지스틱 회귀모형의 적용을 위하여, 가구통행 실태조사 자료의 실제 여가활동 목적지, 즉 여가활동 목적통행을 실행할 경우 주거지 기점의 통행 종점을 '선택대안'으로 정의하였다. 그리고 실제 개별 선택대안마다 추가적인 4개의 '미선택대안'을 무작위 추출방법을 적용하여 실증분석 자료의 종속변수 정보를 구축하였다. 이는 서울시의 424개 행정동 전체를 미선택대안으로 실증분석 모형에 활용할 경우, 과도한 추정시간과 연산력에 미치는 부담을 감안한 것이다. 이에 대한 개선책으로 미선택대안을 무작위 추출하여 가상의 소수 미선택대안을 선정하여 활용한 것이며, 이러한 방법을 적용할 경우에도 통계적 추정에 큰 문제가 발생하지 않음을 선행연구들[46]은 밝히고 있다.[47] 또한, 여가활동 목적통행과 같은 비통근통행의 경우,

---

46) McFadden, D., 1974b, "Conditional Logit Analysis of Qualitative Choice Behavior", *Frontiers in Econometrics*, 105-142.
Haab, T.C. and McConnell, K.E., 2002, *Valuing Environmental and Natural Resources: The Econometricsof Non-Market Valuation*, Cheltenham, UK · Northampton, MA, USA: Edward Elgar Publishing Inc.

47) 미선택대안의 수와 관련하여, 레크리에이션 수요에 대한 선행연구에서 무작위 추출한

[표 3-6] 설명변수 설정 및 자료구축

구분	변수		산출방법	단위	자료출처
토지이용특성	여가산업 점유율	종사자	행정동 종사자 수 / 총 종사자 수	%	전국사업체조사 (2010)
		사업체	행정동 사업체 수 / 총 사업체 수	%	
	건축물 밀도	주거	행정동 건축물 용도별 연면적 / 총 건축물 연면적	-	새주소사업 (2010)
		업무			
		상업			
	건축물 연면적	주거	ln(건축물 용도별 연면적)	-	
		업무			
		상업			
	토지이용 복합도[1]	전체	토지이용 복합도[4]	-	전국사업체조사 (2010)
		상업	상업용도 내 복합도[5]	-	
	공시지가[2]		평균 공시지가	백만 원/m²	표준지공시지가 (2010)
	유동인구밀도		평균 유동인구밀도	천 인/m²	서울열린데이터광장 (2010)
	공원	면적	공원면적	km²	새주소사업 (2010)
		자연도시·문화공원	유(기준범주), 무	dummy	
	여가시설	문화시설			서울열린데이터광장 (2016)
		체육시설			
도시활동 잠재력	여가활동 접근도[3]		여가활동 입지 잠재력	-	KTDB(2010) 인구총조사(2010)
	간선도로 비율		행정동 연장면적 / 총 연장면적	%	
	이용편의성	지하철	지하철역 point density	-	KTDB(201)
		버스	버스노선 line density	-	
통행특성	통행거리		행정동 간 최단거리	km	

1) $Mix_j = -1 \cdot \sum_j [P_j \cdot \log(P_j)]$

2) Kringing 기법 적용: 2천여 개 지점 유동인구조사 자료를 활용한 추정

3) $A\alpha_i^l = \ln \sum_j W_j^a \cdot [\alpha(d_{ij}^a) \cdot \exp(\gamma d_{ij})]$

4) j: 4개 용도(상업, 업무, 주거, 기타) 구분

5) j: 16개 시설(관광휴게시설, 근린생활시설, 문화 및 집회시설, 숙박시설, 업무시설, 운동시설, 운수시설, 위락시설, 의료시설, 자동차 관련 시설, 제1종 근린생활시설, 제2종 근린생활시설, 종교시설, 창고시설, 판매 및 영업시설, 판매시설) 구분

10개 이하의 미선택대안을 활용한 실증분석의 결과가 매우 높은 일관성을 보였음 (Parsons, G.R. and Kealy, M.J., 1992, "Randomly Drawn Opportunity Sets in a Random Utility Model of Lake Recreation", *Land Economics*, 68: 93-106).

통근과 통학 등 목적지가 특정되어 있는 일상통행과 달리 목적지에 대한 선택의 자유도가 높은 목적통행이다. 따라서 무작위 추출을 통한 가상의 미선택대안 도출이 가능하다고 판단하였다.[48] 구축된 자료는 2010년 가구통행 실태조사에서 통행자의 연령정보를 포함하고 있는 '개인정보', 실제 실행된 여가활동 목적통행에 대한 기점과 종점 정보가 포함되어 있는 '통행정보'의 세부내용이 반영되었다.

설명변수는 토지이용 특성, 도시활동 잠재력 그리고 통행 특성 등 세 범주로 구분하였으며([표 3-6] 참조), 여가활동의 목적지를 기준으로 각 변숫값을 산출하였다. 첫째, 토지이용 특성 부문의 설명변수는 여가산업의 종사자 및 사업체 수에 대한 행정동별 점유율, 용도별 건축물의 특성을 나타내는 주거, 업무, 상업용 건축물 밀도와 연면적, 전체 토지이용의 용도 복합도와 상업용 토지이용 내 용도 복합도, 공시지가, 유동인구밀도, 행정동별 공원면적과 자연도시·문화공원 유무 그리고 문화시설과 체육시설의 유무이다.

여가활동 관련 산업의 종사자 및 사업체 수는 도시 내 여가산업 집적지로의 목적지 선택 행태를 파악하기 위해 사용되었다. 토지이용의 유형을 기준으로 분류된 설명변수인 주거, 업무, 상업용 건축물 밀도와 연면적은 연령계층에 따른 거주지와 연계한 주변지역에서의 여가활동[49]에 대하여 확인하기 위한 변수와 상업·업무지역에서 이루어지는 활발한 여가활동[50] 여부를 확인하기 위한 변수이다.

---

48) 실제 선택대안을 포함한 난수발생을 통하여 무작위 추출한 미선택대안들은 일반적인 통행행태에서 나타나는 패턴으로 알려져 있는 인접지역에서의 목적지 선택 행태를 충분히 반영하지 못할 수 있으나, 이에 대한 대안적 방법으로 설명변수에 목적지까지의 거리를 추가함으로써 근거리 통행패턴에 대한 특성을 통제할 수 있도록 실증분석 모형을 구축하였음.

49) 장윤정, 2013, 앞의 책.

또한, 토지이용의 용도 복합도와 상업용 토지이용 내 용도 복합도는 여가활동의 목적지 선택에 토지이용 복합화 정책 방안의 유효성을 확인하고자 하는 토지이용 특성 관련 연구가설에 대한 설명 변수이다. 공시지가와 유동인구밀도는 도시공간구조의 중심지체계를 반영하기 위한 대체변수로 사용하였다. 공원이나 녹지의 규모나 구성에 따라 여가활동의 규모와 차이가 발생한다[51]는 전제하에, 행정동별 공원면적과 자연도시·문화공원 유무를 설명변수로 포함하였다. 그리고 문화시설과 체육시설의 유무 역시 해당시설의 이용자 연령계층별 선호도에 차이가 있다[52]는 점을 고려하여 설명변수로 사용하였다.

둘째, 도시활동 잠재력 부문의 설명변수인 여가활동 접근도와 여가활동을 위한 통행수단 이용 편의성 변수는 간선도로 비율, 지하철 및 버스 이용 편의성 변수를 선정하였다. 여가활동 접근도는 여가활동에 국한하여 도시 내부의 지역별 입지적 목적지 선택 가능성의 규모를 반영할 수 있는 중력모형 기반의 Hansen형 접근도로 산출되었으며,[53] 이는 여가활동 목적통행의 목적지 주변에 분포하는 배후시장의 크기를 의미한다. 이를 산출하기 위한 요소들은 행정동별 인구수 가중치(W_j^l)와 행정동 간 직선거리(d_{ij}) 값이며, 세 가지 파라미터 (α: 1.176, β: 0.513, γ: -0.253)에 대한 정보는 여가활동 목적통행

50) 채윤식, 2014, 앞의 책.

51) 김은영, 이정아, 김형곤, 정진형, 2014, "도시생태공원 이용자 특성 연구-길동생태공원, 여의도샛강생태공원을 사례로-", 한국조경학회지 제42권 제1호, 64-74쪽.

52) 신두섭, 박승규, 2012, "공공문화기반시설 이용만족도 결정요인 분석", 문화경제연구 제15권 제3호, 139-159쪽.

53) Yi, C. and Lee, S., 2014, op. cit.

분포에 대한 분석 결과54)를 반영하였다. 그리고 통행수단의 이용 편의성 변수는 접근성 개념에 내포하는 여가활동에 대한 잠재력과 교통수단 선택 간 관계55)를 고려하여 설명변수로 선택되었다.

셋째, 통행 특성 부문에는 통행자의 여가활동 거리가 목적지 선택에 영향을 미칠 수 있음56)을 고려하여 여가활동 목적통행의 기·종점 간 최단이동거리를 설명변수로 선정하였다.

3. 여가활동 목적지 선택의 실증분석 결과

1) 기술 통계량

기술 통계량에 대해 정리한 결과는 [표 3-7]과 같으며, 연령계층 간의 설명변수 차이를 확인할 수 있다. 토지이용 특성 중, '상업용 건축물 밀도' 변수는 고령층, 장년층, 청소년층이 여가활동의 목적지로 선택하는 지역의 건축물 밀도 평균값이 각각 0.190, 0.192, 0.189, 표준편차가 0.182, 0.181, 0.175로 유사했으나, 청년층에서는 평균 0.250, 표준편차 0.224로 타 연령계층에 비해 상대적으로 큰 값을 나타냈다. '상업용 건축물 연면적'에서도 전자에 해당하는 연령계층 평균값은 각각 12.276, 12.255, 12.181, 표준편차는 0.887, 0.886, 0.883으로 확인된 반면, 후자에서는 평균 12.489, 표준편차 0.937를 나타냈다. 이는 연령계층별로 여가활동의 목적지로 선택하는 지역의 상업시설 밀도와 규모에 차이가 있음을 의미하며, 규모가

---

54) 한국교통연구원, 2011, 국가교통조사-연구보고서-.

55) 성현곤, 신기숙, 노정현, 2008b, 앞의 논문.

56) 장윤정, 2013, 앞의 책.

크고 밀도가 높은 지역이 청년층의 여가활동 목적지로 선택되고 있음을 추정할 수 있다. 그리고 여가활동의 목적지에 대한 토지이용 용도 복합도에 포함된 두 변수인 전체 및 상업용 토지이용 내 용도 복합도는 각각 청년층에서 최대와 최소, 청소년층에서 최소와 최대를 보임으로써 두 연령계층 간의 차이가 확인되었다.

[표 3-7] 기술 통계량 분석 결과

구분	변수		고령층 (3,659)		장년층 (13,402)		청년층 (3,198)		청소년층 (1,210)	
			평균	표준편차	평균	표준편차	평균	표준편차	평균	표준편차
토지이용특성	여가산업 점유율	종사자	0.004	0.004	0.004	0.004	31.61	23.941	0.004	0.005
		사업체	0.003	0.003	0.003	0.003	0.004	0.003	0.003	0.003
	건축물 밀도	주거	0.538	0.961	0.594	1.055	0.544	0.882	0.617	1.203
		업무	0.209	0.451	0.212	0.458	0.301	0.528	0.179	0.423
		상업	0.190	0.182	0.192	0.181	0.250	0.225	0.179	0.175
	건축물 연면적	주거	13.359	0.685	13.461	0.664	13.373	0.731	13.457	0.683
		업무	11.278	1.755	11.319	1.752	11.732	1.823	11.116	1.744
		상업	12.236	0.887	12.255	0.886	12.498	0.937	12.181	0.883
	토지이용 복합도	전체	0.512	0.138	0.510	0.142	0.539	0.136	0.501	0.143
		상업	0.704	0.112	0.704	0.115	0.683	0.132	0.706	0.111
	공시지가		0.025	0.012	0.026	0.013	0.027	0.013	0.026	0.013
	유동인구밀도		5.158	2.277	5.049	2.153	5.885	2.782	4.923	2.148
	공원	면적	0.994	2.929	1.014	3.070	0.726	2.274	1.102	3.233
		자연도시·문화공원	0.280	0.449	0.253	0.435	0.271	0.444	0.253	0.435
	여가시설	문화시설	0.282	0.450	0.287	0.452	0.381	0.486	0.260	0.439
		체육시설	0.287	0.453	0.295	0.456	0.273	0.446	0.312	0.463
도시활동 잠재력	여가활동 접근도		14.934	0.222	14.908	0.217	14.973	0.191	14.910	0.212
	간선도로 비율		0.718	2.258	0.707	1.968	0.838	2.921	0.670	1.967
	이용 편의성	지하철	0.559	0.241	0.532	0.219	0.602	0.228	0.531	0.225
		버스	77.412	23.489	76.636	23.547	82.455	22.643	76.187	23.906
통행특성	통행거리		3.917	4.573	3.632	4.241	4.497	4.421	2.867	3.735

도시활동 잠재력 관련 변수인 여가활동 접근도는 청년층(14.973)과 고령층(14.934)에서 비교적 높았고 장년층(14.908)과 청소년층(14.910)에서는 상대적으로 낮았다. 이는 청년층과 고령층에서의 여가활동 목적지 선택 행태가 지역적으로 군집화하는 패턴과 관련이 있을 것으로 추정된다.

통행 특성 부문에서, 통행거리 변수의 차이 역시 확인할 수 있다. 고령층은 3.917km, 장년층은 3.632km 그리고 청년층과 청소년층에서의 평균 통행거리는 각각 4.497km와 2.867km로 산출되었으며, 여가활동 목적통행을 위한 통행거리는 청년층, 고령층, 장년층 그리고 청소년층 순이었다. 이는 고령자의 경우, 통행약자로 인식되어 도시공간 내부에서의 활동반경이 상대적으로 좁고 주거지 인근지역으로 한정된다는 일반적인 통념과 상이한 결과이다. 또한, 고령층의 통행거리에 대한 표준편차가 4.573으로 다른 연령계층에 비해 상대적으로 큰 값을 보인 것에 비추어 볼 때, 고령층의 여가활동 목적통행의 이동거리는 고령층 내에서도 큰 차이가 있음을 추정할 수 있다.

2) 조건부 로지스틱 회귀분석 결과

연령계층을 기준으로 여가활동의 목적지 선택에 대한 영향요인을 분석하기 위한 조건부 로지스틱 회귀분석의 실행 결과는 [표 3-8]과 같다. 연령계층별 여가활동의 목적지 선택 행태가 상이하다는 가설에 대한 검증을 위하여, 각 연령계층에 대한 총 4회의 조건부 로지스틱 회귀분석을 실행하였다. 실증분석에 활용된 연령계층별 표본 수는 모두 1,000개 이상으로 로짓 모형 적용 결과에서 강건한(robust) 추정치를 얻을 수 있는 것으로 판단된다.[57] 모형 적합정보는 Chi-Square 값을 통해 확인하였으며, 모든 연령계층의 분석모형이 유의수준 0.01에서 유의한 것으로 확인되었다.

따라서 여가활동 목적통행의 연령계층별 목적지 선택에 대한 조건부 로지스틱 회귀분석 실행 결과는 '실제 이루어진 여가활동의 목적지 선택에 미치는 영향요인'의 도출로 이해될 수 있다. 즉, 설명변수별 β가 양수(+)인 경우는 여가활동 목적지 선택 확률의 증가, 음수(-)인 경우는 여가활동 목적지 선택 확률의 감소를 의미한다.

이를 토대로 연령계층별 분석 결과를 살펴보면, 고령층에서는 토지이용 특성에 포함된 변수 중 여가산업 종사자 및 사업체 점유율, 업무용 건축물 연면적, 유동인구밀도 그리고 공원면적과 문화시설의 존재가 정(+)의 영향요인으로 나타났다. 반면, 주거용 건축물 연면적은 부(-)의 영향요인이었으며, 도시활동 잠재력인 여가활동 접근도는 부(-)의 영향관계, 지하철 이용 편의성의 경우 정(+)의 관계 그리고 버스 이용 편의성에서 부(-)의 영향관계가 확인되었다. 통행 특성으로 적용된 통행거리 변수는 부(-)의 영향관계를 나타냈다.

장년층에서는 토지이용 특성 부문의 변수 중 여가산업 종사자 및 사업체 점유율, 업무용 건축물 밀도, 주거, 업무, 상업용 건축물 연면적, 공시지가, 유동인구밀도, 공원면적, 자연도시·문화공원과 문화시설의 존재가 정(+)의 영향관계를 보였다. 반면, 주거용 건축물 밀도와 도시활동 잠재력 지표인 여가활동 접근도는 부(-)의 영향요인이었고, 지하철 이용 편의성이 정(+)의 영향관계, 버스 이용 편의성의 경우 부(-)의 영향관계를 나타내는 것으로 확인되었다. 통행 특성

57) Nemes, S., Jonasson, J.M., Genell, A. and Steineck, G., 2009, "Bias in odds ratios by logistic regression modelling and sample size", *BMC Medical Research Methodology*, 9(56): 1-5.

측면의 통행거리는 부(-)의 영향요인이었다.

[표 3-8] 연령계층별 실증분석 결과

구분	변수		고령층	장년층	청년층	청소년층
토지 이용 특성	여가산업 점유율	종사자	46.192 ***	33.873 ***	47.810 ***	86.265 ***
		사업체	66.440 ***	38.943 ***	114.166 ***	137.488 ***
	건축물 밀도	주거	-0.012	-0.039 **	-0.030	0.026
		업무	0.104	0.186 ***	-0.204	-0.221
		상업	0.200	0.316	0.653	0.664
	건축물 연면적	주거	-0.033 **	0.112 ***	0.170 **	0.177
		업무	0.118 ***	0.119 ***	0.089 ***	0.075
		상업	0.023	0.090 **	-0.020	-0.220
	토지이용 복합도	전체	0.100	-0.179	0.510	0.614
		상업	0.210	0.244	-0.871 ***	-0.376
	공시지가		1.943	7.744 ***	7.035 **	0.136 **
	유동인구밀도		0.054 ***	0.065 ***	0.135 ***	0.051
	공원	면적	0.059 ***	0.034 ***	0.025 *	0.049 *
		자연도시· 문화공원	0.063	0.145 ***	0.142 *	0.071
	여가시설	문화시설	0.186 ***	0.215 ***	0.386 ***	0.078
		체육시설	0.066	0.024	0.022	0.190 *
도시 활동 잠재력	여가접근도		-1.038 ***	-1.076 ***	-0.490 *	-0.910 *
	간선도로비율		-0.012	-0.008	0.013	-0.031
	이용 편의성	지하철	0.684 ***	0.221 *	0.122	0.239
		버스	-0.007 ***	-0.005 ***	0.001	0.007 *
통행특성	통행거리		-0.328 ***	-0.357 ***	-0.321 ***	-0.442 ***
적합도	Chi-square		5726.610 ***	19770.40 ***	4628.926 ***	1951.213 ***

주) *: p-value<.1, **: p-value<.05, ***: p-value<.01

청년층은 토지이용 특성 변수 중 여가산업 종사자 및 사업체 점유율, 주거, 업무용 건축물 연면적, 공시지가, 유동인구밀도, 공원면적, 자연도시·문화공원과 문화시설의 존재가 정(+)의 영향요인인 것으로 확인되었고, 상업용 토지이용 내 용도 복합도는 부(-)의 영향요인이었다. 도시활동 잠재력 변수인 여가활동 접근도는 부(-)의 영향관계를 나타냈으며, 통행 특성의 통행거리 변수는 유의미한 부(-)의 영향을 미치는 것으로 확인되었다.

마지막으로, 청소년층에 대한 분석 결과에서는 상대적으로 적은 수의 유의미한 설명변수가 확인되었다. 토지이용 특성 중 여가산업 종사자 및 사업체 점유율, 공시지가, 공원면적 그리고 체육시설의 존재가 정(+)의 영향관계를 나타냈고, 도시활동 잠재력을 대표하는 여가활동 접근도는 부(-)의 영향관계를 갖는 것으로 확인되었다. 다른 연령계층에서의 분석결과와 달리 버스 이용 편의성은 정(+)의 영향요인이었다. 그리고 통행 특성에 포함된 통행거리 변수는 부(-)의 영향관계를 나타냈다.

실증분석 결과를 종합하여, 연령계층 간의 여가활동 목적지 선택의 영향요인을 비교하면 다음과 같이 요약할 수 있다. 여가산업의 점유율은 전 연령계층에서 여가활동의 목적지 선택에 정(+)의 영향을 미치는 것으로 확인되었다. 이는 다수의 여가 관련 산업이 집적된 지역일수록 모든 연령계층의 여가활동 목적지로 선택될 확률이 높음을 의미한다. 특히, 청소년층에서 회귀계수 값이 다른 연령계층에 비해 높게 나타나, 청소년층의 여가활동은 여가 관련 종사자 및 사업체가 집적된 지역에서 주로 이루어지는 것으로 추정할 수 있다. 건축물의 집중 정도를 나타내는 건축물 밀도 중 주거, 업무용 건축물 밀도는 장년층에서만 유의미한 영향관계를 나타냈는데, 주거밀도는 부(-)의 영향관계, 업무밀도는 정(+)의 영향관계인 것으로 확인되었다. 이 결과는 다른 연령계층이 건축물의 집중 정도에 영향을 받지 않으나, 장년층의 경우에는 주거용 건축물 밀도가 낮고 업무용 건축물 밀도가 높은 지역에서의 여가활동 규모가 유의미히게 높음을 의미하며, 이는 선행연구58)의 결과와 일치한다.

반면, 용도별 건축물 연면적 변수들은 청소년층을 제외한 모든 연령계층에서 업무용 건축물 연면적이 정(+)의 영향, 주거용 건축물 연면적은 고령층을 제외한 장년층과 청년층에서만 정(+)의 영향을 나타내는 것으로 확인되었다. 이러한 결과는 장년층과 청년층의 경우 다른 연령계층에 비해 여가활동 영위를 위한 여건이나 이동범위에서 다양한 선택이 가능하기 때문으로 판단된다. 반면에, 고령층에 대한 결과는 낮은 이동성으로 인해 거주지 주변의 근린환경에서 활동하는 것으로 인식되었지만 최근에는 거주지 주변에 국한하지 않고 필요한 서비스나 시설을 찾기 위해 활동반경을 증가시키고 있다는 선행연구59)의 결과와 일치한다. 토지이용 복합도는 전체 토지이용을 대상으로 하였을 때, 모든 연령계층에서 유의미한 영향관계가 나타나지 않았고, 상업용 토지이용만을 대상으로 하였을 때는 청년층에서만 부(-)의 영향관계가 나타났다. 즉 청년층은 상업용 토지이용 내에서의 용도 복합도가 높은 지역일수록 목적지로 선택할 확률이 낮아진다는 것을 의미한다. 이 같은 결과는 토지이용 복합도가 여가활동의 목적지 선택에 유의미한 영향을 미치지 않는다고 한 선행연구60)와는 달리, 청년층과 같은 특정 연령계층에서는 유의미한

---

58) 채윤식, 2014, 앞의 책.

59) 한수경, 이희연, 2015, "서울대도시권 고령자의 시간대별 대중교통 통행흐름 특성과 통행 목적지의 유인 요인 분석", 서울도시연구 제16권 제2호, 183-201쪽.

60) 박강민, 2011, 이용자 및 공간적 특성이 쇼핑 및 여가시설의 이용행태에 미치는 영향에 관한 연구, 한양대학교 석사학위논문.

영향을 미칠 수 있음을 시사한다. 공시지가는 고령층을 제외한 연령계층에서 유의미한 정(+)의 영향을 미쳤으며, 이는 공시지가가 높은 도시활동 중심지로의 여가활동 목적지 선택확률이 증가함을 의미한다. 반면, 유동인구밀도 측면에서, 청소년층을 제외한 모든 연령계층에서 유동인구가 많은 목적지일수록 여가활동의 목적지로 선택될 확률이 증가함을 확인하였다.

공원 관련 세부 변수에서, 공원면적은 모든 연령계층의 여가활동 목적지 선택 확률의 증가와 관련이 있었으며, 대규모 자연도시·문화공원이 있는 지역일수록 장년층과 청년층의 여가활동 목적지 선택 확률이 증가한다는 결과는 선행연구[61]와 일치하였다. 문화시설 유무는 청소년층을 제외한 성인 연령계층에 정(+)의 영향관계를 나타내, 문화시설이 있는 지역일수록 성인 연령계층의 여가활동 목적지 선택 확률이 증가함이 확인되었다. 체육시설 유무는 문화시설과는 반대되는 결과로, 청소년층에서만 정(+)의 영향관계를 나타냈다. 이는 연령별 이용자의 사회·경제적인 특성으로 인한 여가시설 선택에 대한 선호도가 상이하기 때문인 것으로 판단된다.

도시활동 잠재력 변수 중 여가활동 접근도는 전 연령계층에서 부(-)의 영향요인인 점이 확인되었다. 여가활동 접근도는 여가활동의 목적지로서 주변지역으로부터의 접근 용이성을 의미하는 것이며 주변지역의 수요층 분포와 관련한 지표이다. 실증분석을 통해 도출된 결과는 여가활동 접근도가 높다 할지라도 실제로 여가활동이 목적지로 선택될 확률이 높아지는 것은 아님을 의미한다. 그리고 간선도로 비율은 모든 연령계층에서 유의미한 영향을 나타내지 않았고, 지

---

61) 김은영, 이정아, 김형곤, 정진형, 2014, 앞의 논문.

하철 이용 편의성은 고령층과 장년층에서 정(+)의 영향관계, 버스
이용 편의성은 고령층과 장년층에서 부(-)의 영향관계 그리고 청소
년층에서는 정(+)의 영향관계를 나타냈다. 즉 청년층의 경우, 여가활
동 목적지 선택 시, 교통시설의 이용 편의성이 영향을 미치지 않음
이 확인되었고, 고령층과 장년층은 지하철 이용 편의성 그리고 청소
년층은 버스 이용 편의성이 높은 지역일수록 여가활동 목적지로 선
택할 확률이 증가하는 것으로 해석할 수 있다. 관련 선행연구[62]에서
는 여가활동 장소에서 지하철역까지 접근시간이 길수록 통행자가
버스를 선택한다고 하였으나, 실증분석에서 도출된 결과는 연령계층
마다 선호하는 통행수단이 존재할 수 있음을 확인하였다는 점에서
차이가 있다.

　통행거리는 모든 연령계층에서 부(-)의 영향을 나타냈는데, 연령
에 관계없이 도시 내 여가활동의 목적지는 출발지로부터 가까운 거
리일수록 선택될 확률이 높음을 의미한다. 또한, 연령계층별 회귀계
수(고령층: -0.328, 장년층: -0.357, 청년층: -0.321, 청소년층: -
0.442)를 고려할 때, 청소년, 장년, 고령, 청년층 순으로 주거지로부
터 가까운 거리에서의 여가활동이 이루어질 확률이 높은 것으로 나
타났다.

4. 여가활동 목적지 선택의 실증분석 결과 해석

　연령계층별로 여가활동의 목적지 선택에 토지이용 특성과 도시활

---

62) 성현곤, 신기숙, 노정현, 2008b, 앞의 논문.

동 잠재력이 미치는 영향에 대하여 실증분석한 주요 연구결과를 요약하면 다음과 같다.

첫째, 연령계층별 여가활동의 목적지 선택에는 공통적인 영향요인과 차별화된 영향요인이 상존하였다. 연령계층을 구분하지 않고 수행된 선행연구에서 무의미한 것으로 언급되었던 변수들이 연령계층을 구분하여 실증분석한 결과에서는 유의미한 요인으로 확인되었다. 대표적으로, 상업용 토지이용 내 용도 복합도는 청년층에서 부(-)의 영향을 나타냈고, 문화시설은 청소년층을 제외한 모든 연령계층에서 정(+)의 요인, 체육시설은 청소년층에서만 정(+)의 영향요인인 것으로 확인되었다. 이는 연령에 따른 여가활동 패턴에 차이가 있음을 의미하며, 이는 개인 또는 가구의 생애주기별로 여가활동에 대한 관심사가 달라지기 때문으로 해석할 수 있다.

둘째, 토지이용의 규모와 구성은 연령계층별로 여가활동의 목적지 선택에 미치는 영향요인이 상이한 것으로 나타났다. 주거용 및 업무용 건축물의 규모는 청소년층을 제외한 모든 연령계층에서 대체로 유사한 영향관계가 있음이 확인되었고, 고령층만이 주거용도에서 부(-)의 영향이 나타난 것을 제외하곤 모두 정(+)의 영향을 보였다. 주목할 만한 부분은 주거용 건축물 밀도가 고령층에서 상대적으로 큰 부(-)의 영향관계를 나타냈다는 점이다. 일반적으로, 고령자는 복지시설에서 제공하는 다양한 서비스를 이용하는 등 대체로 거주지 주변에서 여가활동을 영위하는 것으로 이해되었다. 그러나 분석결과에 의하면, 타 연령계층보다 주거용 건축물 규모가 큰 지역으로의 여가활동 목적지 선택 확률이 낮은 것으로 나타나, 주거지 중심의 고령자 여가활동 복지정책이 실효성을 지니는지 검토가 필요하다는 시사점을 제기할 수 있다. 반면에, 전체 토지이용에 대한 용도 복합도는 모든 연령계층에서 유의하지 않았으며, 상업용 토지이용 내 용도 복합도는 청년층에서만 부(-)의 영향이 나타났다. 이는 청년 층의 경우 동일한 여가활동이라 할지라도 여러 유형의 상업시설이 복합화된 지역보다는 단일용도 특정 상업용도가 집적한 지역에서의 여가활동을 선호함을 의미한다. 따라서 청년층 대상의 여가활동과 관련한 정책은 일정 지역 안에서의 여가시설 특성화가 고려될 필요 가 있을 것으로 판단된다.

셋째, 여가활동 목적지로서 주변지역으로부터 접근의 용이성 또 는 주변지역의 수요층 분포 정도를 나타내는 지표인 여가활동 잠재 력은 여가활동 목적지 선택과 관련하여 모든 연령계층에서 부(-)의 영향을 나타냈다. 이는 높은 여가활동 접근도를 지닌다 할지라도 실 제로 여가활동의 목적지로 선택될 확률이 높은 것은 아님을 의미하 며, 여가시설의 개발 또는 입지선택에 있어 인접지역의 수요층을 고 려한 입지선택보다는 여가와 관련한 시설의 유인력을 높이기 위한 소프트웨어나 프로그램이 더 중요할 수 있음을 시사한다.

넷째, 여가활동 목적지의 교통수단별 이용 편의성에 따라 여가활 동 목적지의 선택이 결정될 수 있음이 확인되었다. 간선도로 비율은 모든 연령계층에서 유의미하지 않았으나, 지하철과 버스 이용 편의 성은 유의미한 영향을 나타냈다. 지하철 이용 편의성은 고령층과 장 년층에서 정(+)의 영향요인이었으며, 이는 '고령자 이동복지 지원' 정책의 하나로 시행되고 있는 지하철 무임승차 제도와 관련이 있는 것으로 판단된다. 반면, 버스 이용 편의성은 고령층과 장년층에서 부(-) 영향이 나타났고, 청소년층에서 정(+)의 영향요인임이 확인되었다. 이는 지하철에 비해 버스가 통행수단으로서의 노선경로가 상대적으로 복잡하며, 이용에 있어서의 정시성 부족과 관련한 것으로 판단된다. 따라서 여가활동의 교통약자 이동성 제고 측면에서, 여가활동 중심지에 대한 보다 직관적이고 계획적인 버스노선 결정에 대한 고려도 필요하다고 할 수 있다.

이와 같이, 통계적 분석모형을 적용한 이 절의 실증분석은 토지이용 특성과 도시활동의 잠재력을 중심으로 여가활동에 대한 연령계층별 목적지 선택의 영향요인 차이를 확인하였다. 그러나 실증분석과 관련하여, 2010년 서울시로 시간과 공간적 범위가 한정된 점과 행정동 이하의 공간단위를 활용한 분석을 수행하지 못한 점, 연령계층이 4개 유형으로 한정된 점, 실증분석 모형의 구성에 있어서 동일한 연령계층에서의 승용차 보유 여부, 혼인 여부 등 활동주체의 특성 차이를 고려하지 못한 점 등은 향후 추가적인 연구가 필요한 부분임을 밝혀둔다.

제3절 여가활동 관련 통행수단 선택[63)]

　국토교통부에 의하면, 2013년 말을 기준으로 전국의 자동차 등록 대수는 19,400,864대로 약 2천만 대에 육박하여, 통계청의 2010년도 인구총조사 기준의 전국 가구 수인 17,339,420가구와 비교하면, 가구당 자동차 등록대수는 1대를 넘어섰다(1.119대/가구). 다시 말하면, 특정 일부 가구에서는 2대 이상의 자가용을 보유하는 경우도 있으나, 우리나라의 일반적인 가구는 평균적으로 가구당 1대 정도의 자가용을 보유한 것으로 볼 수 있다. 이러한 현상은 우리나라 국민의 소득수준이 지속적인 향상되면서 자가용 보유가 사치품의 개념을 넘어 다양한 도시활동의 영위를 위한 생활필수품으로서의 성격을 점차 갖추어가고 있기 때문으로 보인다.[64)]

　자가용에 대한 보유와 이용에 대한 수요 증가는 교통혼잡도 상승과 교통사고율 증가, 대기오염에 따른 도시민의 건강 악화 등 다양한 측면의 도시문제를 유발하고 있으며, 궁극적으로는 이와 같은 문

---

63) 이 절의 주요 내용은 한국연구재단의 2014년 인문사회공동연구지원사업(NRF-2014S1 A5A2A03066099)과 2015년 이공분야 중견연구자지원사업(NRF-2015R1A2A2A04005886)의 지원에 의해 수행된 연구 결과물을 수정·보완한 것임(장성만, 이창효, 2015, "자동차 소유가구의 대중교통비 지출비율에 대한 영향요인 연구", 지역연구 제31권 제3호, 19-37쪽).

64) 이희숙, 2000, "도시근로자 가계의 교통비 지출에 영향을 미치는 요인의 변화: 1985~1998", 소비자학연구 제11권 제3호, 15-39쪽.

제를 해결하기 위한 사회적 비용의 증대로 귀결되고 있다. 또한, 도시민의 자동차 의존성 증대는 현 시대의 전 지구적 차원의 계획 패러다임이라 할 수 있는 지속가능한 발전(sustainable development)에도 역행하는 것이다. 이와 관련하여, 도시계획 분야에서는 도시민의 도시활동 영위에 지장을 주지 않는 범위에서 자가용 의존성을 낮추고 대중교통 이용으로의 전환을 추구하는 '대중교통 중심의 도시개발(transit oriented development; TOD)'과 같은 지속가능한 토지이용 및 교통 분야의 계획기법이 중요한 계획 화두가 되고 있다.[65]

우리나라의 대중교통 수송분담률은 자동차 등록대수의 지속적인 증가에도 불구하고, 2006년 36.4%에서 2012년 41.3%까지 지속적으로 상승하고 있다. 이와 관련하여, 국토해양부의 '제2차 대중교통 기본계획(2012~2016)'에서는 '녹색 대중교통기반 구축을 통한 보편적 통행권 제공'을 비전으로 하여 2016년에 대한 예측치를 기준으로 대중교통의 수송분담률을 5%까지 향상시키고자 하는 계획지표를 제시하였다.[66] 이러한 계획지표의 달성을 위해서는 국내 자동차 등록대수의 지속적인 증가 추이를 고려하면, 통행주체들이 자가용을 보유하면서도 대중교통을 도시활동에 적극적으로 이용하는 통행수단의 전환을 통해서만 가능한 것이다. 이를 위해서는 자가용 보유가구를 대상으로 한 도시활동의 통행수단 선택 구조를 명확히 이해하는 것이 선행될 필요가 있다.

이와 같은 배경하에, 이 절에서는 자가용 보유가구에 대하여 '통행비용예산(travel money budget)'에 기초한 보상 메커니즘 이론의

---

65) 성현곤, 노정현, 김태현, 박지형, 2006, "고밀도시에서의 토지이용이 통행패턴에 미치는 영향: 서울시 역세권을 중심으로", 국토계획 제41권 제4호, 59-75쪽.
66) 국토해양부, 2011, 제2차 대중교통기본계획(2012~2016).

관점에서 통행주체들의 사회·경제적 요소가 도시활동의 통행수단 선택에 미치는 영향요인에 대하여 '교통비용 중 대중교통비 지출비율' 지표를 활용하여 이해해보고자 한다.

대중교통비 지출에 대한 분석을 위해서는 도시활동의 통행수단 선택 시 자가용과 대중교통 간 경쟁관계에 대한 고려가 필수적이다. 대중교통수단이 전혀 공급되어 있지 않은 지역에서는 가구의 교통비용 지출 중 대중교통비 지출비율이 극도로 적을 것이고, 자가용을 통행수단으로 이용한 통행에 소요되는 비용이 대부분을 차지할 것이다. 이 절에서는 국내에서 대중교통 관련 기반시설이 가장 잘 공급되어 있는 수도권을 공간적 범위로 설정하였고, 시간적 범위는 도시철도 9호선이 개통된 이후 시점인 2010년을 기준으로 하였다.

1. 관련 이론 및 선행연구 고찰

1) 보상 메커니즘(compensatory mechanism)

최근까지 우리나라에서 교통시설의 신설·도입은 교통혼잡의 완화를 위해 정책적으로 검토·적용되는 최우선적인 수단이었다. 그럼에도 불구하고 서울을 비롯한 대부분 도시에서의 교통혼잡은 첨두시간만이 아니라 비첨두시간까지 확대되고 있다. 이는 교통시설의 신설·도입을 통해 절감된 통행시간을 추가적인 도시활동 영위에 소비하고 이를 위한 또 다른 이동을 실행함으로써, 전제 통행시간은 일정하게 유지되고 궁극적으로 통행량과 통행거리가 오히려 증가하게 되는 현상 때문이다. 이러한 현상을 통행 행태적 관점에서 '통행시간예산(travel time budget)'의 논리라 하며,[67] 가구의 전체 생활시간 중 일정 부분을 반드시 통행과 관련하여 소비한다는 '보상 메커니즘' 이론으로 설명하고자 하는 시도가 있다.[68]

보상 메커니즘과 관련한 연구들은 통행시간예산을 통행비용예산으로 내용적 측면에서의 확장을 이끌었다.[69] 통행비용예산에 기반한 보상 메커니즘 이론은 가구의 가처분소득 중 일정 부분을 반드시 통행수단 이용을 위한 비용으로 소비한다는 것이다. 통행주체별로 보유한 시간은 사회·경제적인 요인에 영향을 받지 않고 일정하지만, 통행주체가 보유한 경제적 측면의 예산은 사회·경제적 요인에 의해 큰 차이가 존재하게 된다. 특히, 지역의 사회·경제적인 특성이 중요한 요소로 작용하는 도시계획 분야에서는 통행비용예산에 근거한 보상 메커니즘 이론에 기초한 연구가 더욱 시의성을 갖는다고 할 수 있다.

자가용을 보유한 가구는 약 10~11%, 자가용을 보유하지 않은 가구는 약 3~5%를 소득 중에서 통행비용으로 소비한다.[70] 이 같은 가구의 통행비용 지출에 사회·경제적 특성과 인구 규모 또는 인구

67) Zahavi, Y., 1979, *The 'UMOT' Project*, Washington DC: US Department of Transportation & Bonn: Ministry of Transport, Federal Republic of Germany.
나승원, 여옥경, 2011, "통행시간예산의 지역적 특성 분석 연구", 국토지리학회지 제45권 제1권, 27-39쪽.
추상호, 나승원, 2011, "통행시간예산의 특성 분석: 수도권을 사례로", 도시행정학보 제24권 제2호, 3-22쪽.

68) Naess, P., 2006, "Are short daily trips compensated by higher leisure mobility?", *Environment and Planning B: Planning and Design*, 33: 197-220.

69) Zahavi, Y., 1979, op. cit.
Zahavi, Y. and Ryan, J., 1980, "Stability of Travel Components over Time", *Transportation Research Record*, 750: 19-26.
Zahavi, Y. and Talvitie, A., 1980, "Regularities in Travel Time and Money Expenditures", *Transportation Research Record*, 750: 13-19.

70) Zahavi, Y. and Ryan, J., 1980, op. cit.

및 건축물의 밀도 등 거주지역의 토지이용 특성이 영향을 주는 것으로 알려져 있으나,[71] 이러한 영향요인들 간의 구조적 관계에 대한 연구는 수행되지 않았으며, 가구가 입지하고 있는 지역의 토지이용 특성이 가구의 통행수단별 교통비용 지출에 미치는 영향을 면밀히 살펴본 사례는 아직까지 미흡하다.

2) 통행수단 선택

통행주체가 보유한 예산 중에서 일정비율의 비용을 통행에 할당한다는 보상 메커니즘 이론은 통행주체의 사회·경제적 요소가 통행수단 선택에도 영향을 미칠 수 있음을 전제하는 견해이다. 자가용 이용과 관련하여, 통행수단 선택에 미치는 영향요인에 대하여 분석한 사례들은 통행주체의 사회·경제적 특성에 초점을 둔 연구와 통행의 기점과 종점에 대한 토지이용 특성에 초점을 둔 사례 등 두 가지 유형으로 구분할 수 있다.[72] 전자와 관련하여, 통행주체의 소득수준이 통행수단의 선택에 미치는 영향을 분석한 결과, 통행주체의 소득이 증가함에 따라 자가용 이용에 대한 수요는 증가하고 대중교통수단의 이용 수요는 감소하였다.[73] 또한, 서울시 대상의 연구에서는 고소득층이 저소득층보다 통행수단의 선택에 있어 통행의 소요시간에 더

---

71) Gunn, H., 1981, "Travel Budgets-A Review of Evidence and Modeling Implications", *Transportation Research*, 15(A): 7-23.
   Tanner, J. C., 1981, "Exenditure of Time and Money on Travel", *Transportation Research*, 15(A): 23-38.
   한상용, 이재훈, 2010, "국내 가구 교통비의 지출 구조 및 영향요인 분석", 대한교통학회지 제28권 제2호, 33-43쪽.

72) 이혜승, 이희연, 2009, "서울시 대중교통체계 개편 이후 통근 교통수단 선택의 차별적 변화", 대한지리학회지 제44권 제3호, 323-338쪽.

73) McFadden, D., 1974a, "The measurement of urban travel demand", *Journal of public economics*, 3: 303-328.

민감하며, 차외시간을 차내시간보다 더 중요하게 고려하는 것으로 확인되었다.74) 후자의 경우, 토지이용 특성이 통행수단 선택에 미치는 영향을 분석한 사례에서, 토지이용의 개발밀도와 용도 복합도가 높아질수록 자가용의 분담률은 낮아지고 대중교통수단의 분담률은 상승함을 확인하였다. 특히, 토지이용의 용도 복합도에 비해 개발밀도가 교통수단 분담률과 높은 상관성이 있음을 보였다.75) 또한, 도심으로부터 가까운 주거지일수록 그리고 주거지의 인구밀도와 직장의 사업체 밀도가 높을수록 대중교통을 통행수단으로 선택할 확률이 상승하는 점을 확인하였다.76) 경로분석 기법을 통하여 통행 기점의 토지이용 특성이 통행수단별 분담률에 미치는 구조적 관계를 분석한 연구에서는 대중교통수단의 접근도와 토지이용의 개발밀도 및 용도 복합도가 통행수단 분담률에 미치는 직접적인 영향이 있으며, 이들 변수가 지가와 인구밀도에 미치는 간접적인 영향을 확인하였다.77)

요약하면, 교통비용 지출과 관련하여 보상 메커니즘 이론에 기초한 통행주체에 대한 행태적 관점의 이론적 가설이 존재할 수 있음을 확인하였다. 또한, 통행수단 선택과 관련한 선행연구에서는 통행주체의 인구·사회·경제 그리고 토지이용 특성과 같은 다양한 요인이 미치는 영향에 대한 실증분석이 이루어졌으나 영향요인의 구조

---

74) 원제무, 1984, "An application of multinomial logit model to Jongro corridor travellers", 대한교통학회지 제2권 제1호, 103-119쪽.

75) Frank, L.D. and Pivo, G., 1994, "Impacts of mixed use and density on utilization of three modes of travel: single-occupant vehicle, transit, and walking", *Transportation Research Record*, 1466: 44-52.

76) 전명진, 백승훈, 2008, "조건부 로짓 모형을 이용한 수도권 통근수단 선택변화 요인에 관한 연구", 국토계획 제43권 제4호, 9-19쪽.

77) 장성만, 2012, 통행기점의 토지이용특성이 교통수단 분담률에 미치는 영향: 경로분석기법을 적용하여, 서울시립대학교 도시공학과 석사학위논문.

적인 관계에 대한 검토가 추가적으로 요구되고 있음을 확인할 수 있었다. 그리고 현 시대의 한국과 같이 자가용 보유가 일반화된 사회에서, 자가용 보유 가구만을 대상으로 통행수단 선택에 미치는 요인과 직간접적인 영향관계를 분석한 연구는 아직까지 부재하다. 더불어, 선행연구에서 자가용을 보유하고 있는 가구와 그렇지 않은 가구 간 통행비의 지출비율의 차이의 존재를 확인하였음에도 불구하고, 이를 구분하여 교통수단 분담률에 미치는 영향으로 연계한 사례는 부재한 상황이다.

2. 교통수단별 교통비용 지출 패턴 분석

1) 분석자료의 구축

자가용 보유가구를 대상으로 대중교통비 지출 패턴에 대한 구조를 분석하기 위하여, [표 3-9]와 같이 가구/주택 속성과 가구활동, 그리고 토지이용과 교통 특성 관련 정보를 수집·가공하여 분석자료를 구축하였다. 가구 관련 기초자료는 실증분석의 시간적 범위인 2010년도 기준으로 조사된 한국노동패널(13차) 자료이며, 이 중에서 자가용 보유가구만을 선별하여 분석 대상으로 하였다. 토지이용 및 교통 특성에 대한 기초자료는 자료의 구득 가능성을 고려하여 실증분석의 시간적 범위와 유사한 시점의 건축물대장, 도로명주소자료, 국가교통 데이터베이스(Korea transport database; KTDB)의 교통주제도 그리고 TAGO (Transport advice on going anywhere)의 버스 정류장 및 노선 자료이다.

[표 3-9] 설명변수 설정 및 자료구축

구분	변수	산출방법	자료출처
가구주	성별	남성, 여성*	
	연령	가구주 만 나이	
	학력수준	전문대 이상, 전문대 미만*	
가구 구성	가구원 수	동거 가구원 수	
	고교생 이하 자녀	고교생 이하 자녀 수	
주택	종류	공동주택, 단독·다세대주택*	
	점유형태	자가, 임차*	
	면적	실사용 평수	
경제 여건	연소득	총 소득액	한국 노동패널 (2010)
	자산 규모	총 자산액	
	자동차 보유대수	자동차 보유대수	
필수 활동	월 생활비	월평균 생활비	
	식비		
	생필품 구입비	가구 활동 유형별 지출비용	
	보건의료비		
부가 활동	교양오락비		
	외식비		
	경조사비		
토지 이용 특성	밀도	$Density_i = Fsp_i^a / District_i^a$ Fsp_i^a: 건축물 총 연면적 $District_i^a$: 행정구역 면적(시군구)	건축물대장 (2011)
	용도 복합도	$Mixed\ Use_i = -\sum_{t=1}^{n} \dfrac{p_t \ln p_t}{\ln n}$ p_t: 토지이용 t의 면적비율 n: 토지이용 유형 개수	
교통 특성	도로면적률	$Road\ Ratio_i = RArea_i^a / District_i^a$ $RArea_i^a$: 도로 실폭 면적 $District_i^a$: 행정구역 면적(시군구)	도로명주소 자료 (2009)
	지하철 이용성	$A\alpha_i^{subway} = SubwayArea_i^a / District_i^a$ $SubwayArea_i^a$: 역 500m 내 포함 면적 $District_i^a$: 행정구역 면적(시군구)	KTDB 교통주제도 (2010)
	버스 이용성	$A\alpha_i^{bus} = BusArea_i^a / District_i^a$ $BusArea_i^a$: 정류장 300m 내 포함 면적 $District_i^a$: 행정구역 면적(시군구)	국가 대중교통 정보센터 (2011)

주) *: 더미변수의 참조 항목

자가용 보유가구의 소비지출 중 자동차 유지비와 대중교통비의 지출에 대한 구조적 관계를 분석하기 위하여, 가구 자체의 내부적인 속성, 다양한 도시활동과 관련한 생활비 지출의 규모, 그리고 제반 토지이용 및 교통 특성을 검증하고자 하는 영향요인으로 설정하였다. 그리고 각 영향요인의 변숫값은 선행연구의 결과를 토대로 기초 자료에서 구득 가능한 정보를 도출하였다. 가구/주택 속성에는 가구를 대표하는 구성원인 가구주가 지니고 있는 속성, 가구 구성원의 속성, 해당 가구가 거주하는 주택의 속성, 그리고 해당 가구의 경제적 여건에 대한 변수들이 포함되었다. 가구의 통행패턴에 영향을 미치는 도시활동에는 가구생활의 필수적인 활동과 교양·오락, 외식, 경조사 등 부가적인 활동인 여가활동이 고려되었으며, 토지이용 및 교통 특성에는 가구의 통행발생과 통행수단 선택에 영향을 미칠 수 있는 변수들이 포함되었다. 토지이용 특성과 관련하여, 토지이용 밀도는 시군구 면적 대비 건축물 총 연면적의 비율로 계산되었으며, 토지이용 용도 복합도는 국내·외의 연구[78]에서 적용한 산정식을 활용하였다.[79] 그리고 교통 특성과 관련한 도로면적률은 시군구 면적 대비 도로 실폭 면적의 비율, 지하철 이용성과 버스 이용성은 시군구별 행정구역 면적 대비 지하철역 반경 500m 내 포함 면적과 버스 정류장 반경 300m 내 포함 면적의 비율로 산출하였다.[80]

78) 박지영, 노정현, 성현곤, 2008, "구조방정식모형을 활용한 TOD 계획요소의 대중교통 이용효과 분석-서울시 역세권을 중심으로", 국토계획 제43권 제5호, 135-151쪽.
Lawrence, D., Martin, A. and Schmid. T., 2004, "Obesity Relationship with Community Design, Physical Activity, and Time Spent in Cars", *American Journal of Preventive Medecine*, 27(2): 87-96.
79) 토지이용 용도 복합도는 0-1 사이 값을 갖게 되며, 1에 가까울수록 다양한 토지이용이 이루어지고 있음을 나타내고 1의 값을 가질 경우 완벽한 균형을 이루고 있는 상태를 의미함.
80) 지하철역 반경 500m는 국내에서 수행된 다수의 역세권 관련 선행연구에서 활용하고 있

한국노동패널에서 수집한 자료는 가구단위이며, 토지이용 및 교통 특성과 관련하여 구축한 자료는 시군구 단위이다. 분석을 위해 자료의 위계에 대한 일치가 필요하였다. 따라서 실증분석 자료 구축 단계에서, 한국노동패널 자료에 포함되어 있는 가구의 위치정보를 기준으로 토지이용 및 교통 특성 자료를 가공·입력하였다.

2) 분석 방법론 설정

가구의 소비지출 중 교통비용 소비지출에 영향을 주는 요인에 대하여 직접적인 효과와 간접적인 효과를 종합적으로 파악하기 위해서는 다수의 설명변수가 고려된다. 따라서 실증분석에서는 구조방정식 모형(structural equation model)이 활용되었다. 구조방정식 모형은 변수들 간의 인과관계 또는 구조적 관계를 표현하는 모형으로, 일반적으로 선형구조관계(liner structural relationship)를 파악하기 위해 이용되는 다변량 분석기법 중 하나이다. 구조방정식 모형은 1970년대 초에 기존의 경로분석과 인자분석을 기반으로 개발되었으며, 측정변수들 간의 공분산을 이용하여 상호관계구조를 분석한다.[81]

여러 개의 설명변수와 종속변수가 존재할 경우, 변수들 간의 인과관계를 분석하기 위해서는 수차례의 회귀분석을 실행해야 한다. 구조방정식 모형은 잠재요인, 측정변수, 그리고 오차의 세 항목으로 구성되는 전체적인 구조를 구성하여, 변수들 간의 관계를 동시에 추정한다. 또한, 측정오차를 고려하지 않는 회귀모형의 결과에서 발생

는 기준이며, 버스 정류장 반경 300m는 International Association of Public Transport에서 제시하고 있는 도시지역의 버스 정류장 범위에 대한 가이드라인을 준용하였음 (Howes, A., 2011, *Principles of Bus Service Planning*, Alan Howes Associates, Scotland UK.).

81) 이학식, 임지훈, 2007,구조방정식 모형분석과 AMOS 6.0, 법문사.

할 수 있는 정확성 문제가 보완된 결과를 제시함으로써 인과관계를
파악함에 있어 보다 신뢰성 높은 결과물을 제시한다. 일반적으로,
구조방정식 모형은 연구모형 설정, 탐색적 인자분석 실시를 통한 변
수군 분류, 중요도가 낮은 변수의 제거를 통한 타당성 확보, 선택된
잠재변수와 측정변수를 활용한 경로도형 작성, 그리고 모형의 적합
성 검증까지의 과정을 수행한다.

구조방정식 모형과 관련한 일반적인 수식은 다음과 같이 표현할
수 있으며, 구조방정식 모형의 모수 값 추정에는 다양한 기법이 개
발되어 사용되고 있으며, 가장 일반적으로 널리 사용되고 있는 방법
은 최대 우도 추정법(maximum likelihood estimation)이다.

[구조모형]   [수식 3-7]

$$\eta = \Gamma \xi + B \eta + \zeta$$
$$\Phi = Cov(\xi)$$
$$\Psi = Cov(\zeta)$$

단, η: 내생변수 벡터
　　ξ: 외생변수 벡터
　　ζ: 구조모형의 오차
　　Γ: 외생변수의 내생변수에 대한 직접효과 행렬
　　B: 내생변수 간 직접효과 행렬

[측정모형]   [수식 3-8]

$$x = \Lambda_x \xi + \delta, \quad \Theta_\delta = Cov(\delta)$$
$$y = \Lambda_y \eta + \epsilon, \quad \Theta_\epsilon = Cov(\epsilon)$$

단, δ: 외생변수에 대한 측정모형의 오차
　　ϵ: 내생변수에 대한 측정모형의 오차

3. 통행수단 선택 분석 결과

1) 요인분석을 통한 잠재변수 도출

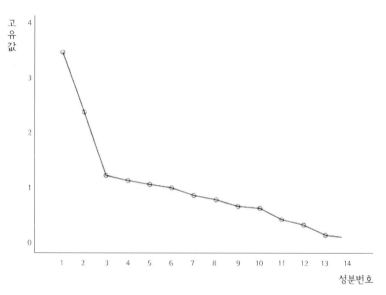

[그림 3-9] 인자분석 결과에 대한 스크리도표

실증분석에서는 가구/주택 속성과 가구활동, 그리고 토지이용과 교통 특성 관련 자료를 수집·가공하여 다양한 변수에 대한 정보를 구축하였다. 이를 토대로, 변수들 간의 상호 관련성을 이용하여 변수에 내재된 소수의 공통적인 새로운 인자를 찾아내는 인자분석을 수행하였다. 의미 있는 결과물의 도출을 위해 구축한 분석자료를 대상으로 반복적인 인자분석을 수행하였다. 인자분석에서의 요인 추출 방법은 주성분 분석을 활용하였고, 인자회전은 베리맥스(varimax) 기법을 활용하였다. 도출된 성분의 수는 스크리도표의 고윳값(eigen value) 기울기가 급격하게 완만해지는 지점의 성분 수를 기준으로 하여 세 가지 인자를 설정하였다([그림 3-9] 참조). 인자분석 결과, 성분행렬을 고려하여 세 가지 잠재변수(토지이용/교통 특성, 생활비 지출 그리고 가구/주택 특성)를 도출하였다([표 3-10] 참조).

[표 3-10] 인자분석 결과와 잠재변수 도출

변수	성분번호		
	1	2	3
토지이용 밀도	.917	.028	-.005
토지이용 용도 복합도	-.306	-.027	-.129
지하철 이용성	.824	-.004	-.039
버스 이용성	.937	-.019	-.037
도로면적률	.957	.053	-.047
월 생활비	.104	.743	.424
생필품 구입비	.090	.274	.260
교양오락비	-.008	.807	-.024
외식비	-.017	.761	.001
가구주 성별	.028	-.038	.402
가구원 수	.068	.085	.710
주택종류	-.083	.211	.372
주택 점유형태	-.001	-.032	.640
주택면적	-.001	.224	.375
잠재변수	토지이용/교통 특성	생활비 지출	가구/주택 특성

토지이용/교통 특성 잠재변수는 토지이용의 밀도가 높고, 용도 복합도는 낮으며, 지하철역과 버스 정류장으로의 접근성이 좋고, 도로면적률이 큰 지역에서 높은 변숫값을 지님을 의미한다. 이는 토지이용/교통 특성 잠재변수가 높은 지역에 거주하는 가구의 경우 대중교통과 도로 여건이 잘 갖추어진 단일한 토지이용의 고층 건축물이 밀집한 "계획적 도시지역"에 위치함을 뜻한다. 생활비 지출 잠재변수

는 개별 가구의 생활을 유지하기 위해 소비하는 월 생활비, 생필품 구입비, 교양오락비, 외식비를 포함한다. 생활비 지출 잠재변수는 다른 가구에 비해 상대적으로 많은 비용을 생활비 명목으로 소비하는 가구에서 높은 변숫값을 지닌다. 가구/주택 특성 잠재변수의 경우, 가구주 성별이 남성이고, 가구원 수가 많으며, 자가인 넓은 면적의 공동주택에 거주하는 경우 높은 변숫값을 지님을 의미한다.

2) 경로도형의 작성

구조방정식의 인과적 관계모형은 ① 분석하려는 사람이 모르는 여러 가지 원인들로부터 영향을 받아 생긴 어떤 결과변인의 분산을 두고, ② 결과변인의 분산을 야기한 것으로 이론 및 경험적 근거를 통해 추정되는 원인변인들을 탐색하여, ③ 이들 원인변인들이 어떤 경로를 통해 어느 정도의 영향을 미쳤는지를 설명하는 데 활용된다. 이러한 인과적 관계모형에서는 실험연구와 달리 피시험자들로부터 모형에 포함되는 모든 변인들을 동시에 측정하기 때문에, 실질적으로 모든 변인들 간의 인과적 관계를 설정하는 것은 쉽지 않다. 따라서 분석하려는 사람은 가설적인 근거에 의해 모형 안에 존재하는 변인들 간의 인과관계를 가설적 방법으로 설정해야 한다.[82] 앞서 도출한 잠재변수 간의 인과관계와 교통비용 지출과 관련한 인과관계에 관한 가설은 다음과 같으며, 이와 같은 가설에 대하여 경로도형을 작성하면 [그림 3-10] 그리고 [그림 3-11]과 같다.

---

82) 문수백, 2009, 구조방정식모델링의 이해와 적용 with AMOS17.0, 학지사.

[토지이용/교통 특성 관련 가설]

가설1 (H1). 토지이용/교통 특성이 높은(계획적 도시지역에 거주
하는) 가구는 생활비에 지출하는 비용이 많을 것이다.

가설2 (H2). 토지이용/교통 특성이 높은(계획적 도시지역에 거주
하는) 가구는 지출하는 교통비용 중 대중교통비가 차지하
는 비율이 높을 것이다.

[가구/주택 특성 관련 가설]

가설3 (H3). 가구/주택 특성이 높은(남성 가구주에 자가 공동주택
에 거주하며 많은 가구원 수가 큰 면적의 주택에 거주하는)
가구는 생활비에 지출하는 비용이 많을 것이다.

가설4 (H4). 가구/주택 특성이 높은(남성 가구주에 자가 공동주택
에 거주하며 많은 가구원 수가 큰 면적의 주택에 거주하는)
가구는 지출하는 교통비용 중 대중교통비가 차지하는 비율
이 높을 것이다.

[생활비 지출 관련 가설]

가설5 (H5). 생활비에 지출하는 비용이 많은 가구는 지출하는 교
통비용 중 대중교통비가 차지하는 비율이 낮을 것이다.

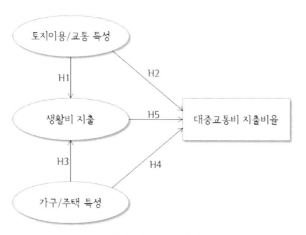

[그림 3-10] 가설적 모형 설정

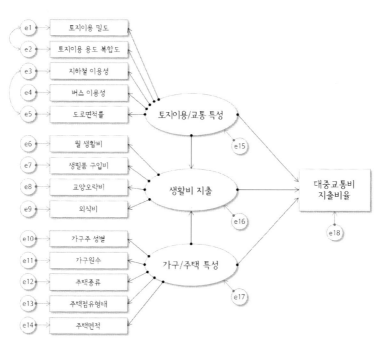

[그림 3-11] 구조방정식 모형의 경로도형 작성

구조방정식 모형의 분석과정에서 모형의 적합도를 개선시키기 위해 수정지수(modification index)를 기준으로 공분산 관계를 설정하였다. 공분산성 분석 결과, 지하철 이용성과 도로면적률의 오차항 (e3, e5) 간 관계에서 가장 높은 수정지수(174.649)가 도출되었고, 토지이용 밀도와 용도 복합도의 오차항(e1, e2) 간 관계에서 두 번째로 높은 수정지수(105.834)가 산출되었다. 지하철 이용성과 도로면적률은 모두 교통 특성에 포함된 변수이고, 토지이용 밀도와 용도 복합도는 토지이용 특성을 나타내는 변수로, 변수들 간의 공분산성은 변수가 지니고 있는 특성상 타당한 것으로 판단되어 경로도형 구축 시 공분산 관계를 설정하였다.

3) 기술 통계량

구조방정식 모형에 활용하기 위해 최종적으로 선정된 변수들의 기술 통계량은 [표 3-11]과 같다. 분석대상 가구의 교통비용 중 대중교통비 지출비율은 평균 14%이며 최대 68%, 최소 0%였다. 이는 자가용을 보유한 가구만을 분석대상으로 삼았기 때문에, 대중교통비 지출비율의 최솟값이 0%인 결과가 도출된 것이다. 토지이용 밀도 평균값은 0.61이고, 용도 복합도는 0.59로 산출되었다. 평균값 측면에서, 지하철 이용성은 0.16, 버스 이용성은 0.52, 그리고 도로면적률은 0.1이었다. 가구당 월 생활비는 평균 265.5만 원이며 최소 50만 원부터 최대 2,733만 원까지 비교적 큰 편차를 보였다. 평균값을 기준으로, 생필품 구입비는 5만 6천5백 원, 교양오락비는 10만 7천원, 외식비는 11만 9천 원이었다. 분석대상 가구의 가구주는 남성 비율이 87.1%(여성 비율 12.9%)이었으며, 60.7%가 공동주택에 거주하였고, 61.2%가 자가를 보유하였다. 그리고 거주하는 주택의 평균 면적은 약 31평(102.5㎡)이었다.

[표 3-11] 기술 통계량 분석 결과

구분	평균	표준편차	최댓값	최솟값
대중교통비 지출비율	0.14	0.12	0.68	0.00
토지이용 밀도	0.61	0.47	2.32	0.01
토지이용 용도 복합도	0.59	0.11	0.89	0.35
지하철 이용성	0.16	0.16	0.79	0.00
버스 이용성	0.52	0.20	0.95	0.09
도로면적률	0.10	0.05	0.25	0.01
월 생활비(만 원)	265.5	143.5	2,733	50.0
생필품 구입비(만 원)	5.68	6.48	41.0	0.0
교양오락비(만 원)	10.7	16.0	250.0	0.0
외식비(만 원)	11.9	10.6	100.0	0.0
가구주 성별(남: 0, 여: 1)	0.13	0.34	1	0
가구원 수	3.37	1.13	10	1
주택종류(공동주택: 1, 기타: 0)	0.61	0.49	1	0
주택 점유형태(자가: 1, 기타: 0)	0.61	0.49	1	0
주택면적	31.00	21.99	500	5

4. 구조방정식 모형 적용 결과

실증분석에 활용한 구조방정식 모형의 적합도 검정에 대해서는 합의된 결정기준이 있지 않으나, 일반적으로는 χ^2 통계량, GFI (Goodness-of-Fit Index), AGFI(Adjusted Goodness-of-Fit Index), RMR(Root Mean Square Residual), RMSEA(Root Mean Square Error of Approximation) 등과 같은 절대 적합도 지수와 NFI(Normed Fit Index), IFI(Incremental Fit Index) 등의 증분 적합도 지수, 그리고

CFI(Comparative Fit Index)를 활용하여 적합도를 판정한다. 실증분석 모형의 적합도 검정 결과, 0.9 이상을 기준으로 하는 검정 지수들(GFI, AGFI, NFI, IFI, CFI)은 모두 적합여부 판정 기준에 적합한 것으로 확인되었으며, RMR 값은 .05 이하, RMSEA 값 역시 .070으로 수용 가능한 수준인 것으로 나타났다([표 3-12] 참조).[83]

[표 3-12] 실증분석 모형의 적합도 검정 결과

구분	결과 값	적합여부	비고
GFI	.940	적합	0.9 이상
AGFI	.917	적합	0.9 이상
RMR	.048	적합	0.05 이하
RMSEA	.070	수용가능	적합: 0.05 이하(수용가능: 0.05~0.1)
NFI	.917	적합	0.9 이상
IFI	.925	적합	0.9 이상
CFI	.925	적합	0.9 이상

실증분석 모형의 세부적인 결과는 [표 3-13]과 [표 3-14]에서 제시한 바와 같다. 잠재변수와 관련한 측정변수들의 영향력 크기를 비교하기 위하여 표준화된 계수 값을 확인하면, 대중교통비 지출 비율과 관련한 토지이용/교통 특성에 대하여 많은 영향을 미치는 요인은 버스 이용성(.956), 도로면적률(.941), 토지이용 밀도(.901), 지하철 이용성(.700) 순으로 나타났으며, 토지이용 용도 복합도(-.200)는 다른 측정변수들에 비해 상대적으로 작은 부(-)의 영향을 미치는 것으로

---

[83] χ^2 통계량은 모형의 적합도를 평가하는 가장 일반적인 기준을 제시하지만, 표본의 크기에 민감하게 반응하기 때문에 표본 수가 200 이상으로 증가하면 χ^2 통계량은 검정 통계량으로 사용하지 않도록 권장되고 있음(성현곤, 김태호, 강지원, 2011, "구조방정식을 활용한 보행환경 계획요소의 이용만족도 평가에 관한 연구-종로 및 강남일대를 대상으로", 국토계획 제46권 제5호, 275-288쪽).

[표 3-13] 구조방정식 모형 분석 결과

잠재변수	측정변수	계수 값	표준화된 계수 값	표준오차	검정통계량	p	
토지이용/ 교통 특성	토지이용 밀도	1.288	.901	.037	34.635	.005	***
	토지이용 용도 복합도	-.285	-.200	.036	-7.849	.003	***
	도로면적률	1.344	.941	.031	43.341	.003	***
	지하철 이용성†	1.000	.700				
	버스 이용성	1.367	.956	.038	36.296	.004	***
생활비 지출	월 생활비†	1.000	.999				
	생필품 구입비	.236	.236	.024	9.821	.010	**
	교양오락비	.513	.513	.021	24.160	.002	***
	외식비	.463	.462	.022	21.097	.009	***
가구/주택 특성	가구주 성별	.108	.198	.016	6.674	.003	***
	가구원 수†	1.000	.563				
	주택종류	.192	.249	.023	8.263	.004	***
	주택점유형태	.191	.248	.023	8.224	.003	***
	주택면적	.413	.261	.048	8.621	.004	***

주1) **: p<.05, ***: p<.01
주2) † : 실증분석 모형에서 측정변수의 모수 추정치를 1로 고정시킨 변수

확인되었다. 생활비 지출에 대하여 가장 큰 영향을 미치는 요인은 월 생활비(.999)였으며, 교양오락비(.513), 외식비(.463) 그리고 생필품 구입비(.236) 등 여가활동 관련 세부요인의 순서가 확인되었다. 가구/ 주택 특성 측면에서는 가구원 수(.563)가 가장 큰 영향을 미치는 요인이었으며, 주택면적(.261), 주택종류(.249), 주택점유형태(.248), 가구주 성별(.198) 순서의 측정변수 영향력 크기가 확인되었다.

가설적 모형 설정단계에서 제시한 바와 같이, 실증분석 모형을 통하여 검증하기 위한 가설은 H1부터 H5까지 총 5개이다. 가설에 대한 실증분석 결과는 [표 3-14]와 같으며, 모든 가설은 95% 신뢰수준에서 모두 채택할 수 있는 것으로 확인되었다. 토지이용/교통 특성, 생활비 지출, 가구/주택 특성, 그리고 대중교통비 지출비율 간 5개

경로(H1-H5)에 대한 분석 결과를 해석하면 다음과 같다.

[표 3-14] 가설에 대한 분석 결과

경로(가설)	직접효과			간접효과		
	계수 값	표준화된 계수 값	p	계수 값	표준화된 계수 값	p
(H1) 토지이용/교통 특성 → 생활비 지출	.107	.075	.003 ***			
(H2) 토지이용/교통 특성 → 대중교통비 지출비율	.329	.229	.007 ***	-.050	-.035	.004 ***
(H3) 가구/주택 특성 → 생활비 지출	1.214	.769	.003 ***			
(H4) 가구/주택 특성 → 대중교통비 지출비율	1.000	.630		-.566	-.356	.014 **
(H5) 생활비 지출 → 대중교통비 지출비율	-.466	-.463	.010 **			

주) **: p<.05, ***: p<.01

첫째, 실증분석 결과에서의 직접효과를 살펴보면 다음과 같다. 토지이용/교통 특성은 생활비 지출과 대중교통비 지출비율에 정(+)의 영향을 미치는 것으로 나타났다(H1, H2). 이는 계획적 도시지역에 거주하는 가구의 경우 일상 및 여가활동과 대중교통비 지출비율이 증가함을 의미한다. 가구/주택 특성 역시 생활비 지출과 대중교통비 지출비율에 정(+)의 영향을 미치는 것으로 확인되었다(H3, H4). 즉, 남성인 가구주, 가구원 수의 증가, 공동주택 거주, 자가 보유 그리고 주택면적 증가에 따라 생활비 지출과 대중교통비 지출비율이 증가함을 나타낸다. 반면에, 생활비 지출은 대중교통비 지출비율에 부(-)의 영향을 미치는 것으로 확인되었다(H5). 이는 필수적인 생활비와 함께, 생필품 구입비, 교양오락비 그리고 외식비와 같은 여가활동

비용 지출의 증가, 즉 생활비 지출 규모의 증가에 따라 대중교통비 지출비율이 작아짐을 의미한다. 대중교통비 지출비용에 대한 직접효과가 가장 큰 잠재변수는 가구/주택 특성(.630)이었으며, 토지이용/교통 특성(.229)은 상대적으로 작은 영향을 미치는 것으로 나타났으나 가구 및 주택 속성과 가구활동 이외에도 토지이용과 교통 특성에 따라 대중교통비 지출비율이 달라질 수 있다는 점에서 도시계획 및 설계 차원에서의 정책적 시사점이 있다.

둘째, 실증분석 모형에서 매개변수에 의한 간접효과 분석 결과에서, 토지이용/교통 특성과 가구/주택 특성이 대중교통비 지출비율에 미치는 영향은 95% 신뢰수준에서 유의미한 것으로 확인되었으며, 회귀계수 값은 음(-)의 방향성을 나타냈다. 즉, 토지이용/교통 특성과 가구/주택 특성은 생활비 지출을 매개로 할 때, 대중교통비 지출비율의 감소에 영향을 미치는 것으로 확인되었다. 직접효과에서와 같이, 간접효과에서도 대중교통비 지출비율에 대한 가구/주택 특성의 영향력(-.356)이 토지이용/교통 특성의 영향력(-.035)에 비해 매우 큰 것으로 확인되어, 교통비용 지출에서 차지하는 대중교통비의 비율은 생활비 지출을 매개로 하는 경우, 토지이용/교통 특성보다는 가구/주택 특성에 주로 영향을 받게 됨을 확인할 수 있다.

셋째, 대중교통비 지출비율에 대한 토지이용/교통 특성, 가구/주택 특성 그리고 생활비 지출의 총 효과를 표준화된 계수 값 기준으로 산출하면, 일상 및 여가활동 관련 생활비 지출(-.463), 가구/주택 특성(.274) 그리고 토지이용/교통 특성(.194)의 순서로 큰 영향을 미치는 것으로 확인되었다. 즉, 생활비 지출 잠재변수의 증가에 따라 대중교통비 지출비율은 전반적으로 감소하는 반면, 가구/주택 특성과 토지이용/교통 특성 잠재변수의 증가에 따라 대중교통비 지출비율이 상승함을 의미한다. 가구/주택 특성과 토지이용/교통 특성 잠재변수의 총 효과는 직접효과와 간접효과 각각의 영향력에 비해 그 중요성의 차이가 상대적으로 작은 것으로 나타났다.

5. 구조방정식 모형 적용 결과의 해석

한국사회가 한 가구당 한 대 이상의 자가용을 보유하는 시대에 진입하면서, 다양한 도시활동을 위해 요구되는 통행에서 대중교통의 수단 분담률을 제고하기 위한 다각적인 노력이 지속되어 왔다. 이는 지속가능한 도시발전이라는 공간계획 분야의 패러다임 대두와 밀접한 관련이 있다. 이 절에서는 자가용을 보유하고 있는 가구만을 대상으로 교통비용에서 차지하는 대중교통비 지출비율에 영향을 미치는 요인들의 구조적 관계를 파악하고자 하였다.

이를 위하여, 가구/주택 속성과 가구활동, 그리고 토지이용과 교통 특성 관련 정보를 수집·가공하여 실증분석에 활용하였다. 그리고 실증분석 모형 구축 단계에서는 인자분석을 활용하여 세 가지 잠재변수인 토지이용/교통 특성, 생활비 지출 그리고 가구/주택 특성을 도출하여 이들 간의 구조적 연관성에 대한 가설적 모형을 구축하였고, 이를 토대로 구조방정식 모형을 적용한 실증분석을 실행하였다.

실증분석 결과는 다음과 같이 요약할 수 있다. 첫째, 토지이용/교통 특성 잠재변수는 생활비 지출 잠재변수와 대중교통비 지출비율에 정(+)의 영향을 미치는 것으로 나타났으며, 가구/주택 특성 잠재변수 역시 생활비 지출 잠재변수와 대중교통비 지출비율에 정(+)의 영향을 미치는 것으로 확인되었다. 반면에, 생활비 지출 잠재변수는 대중교통비 지출비율에 부(-)의 영향을 미치는 것으로 확인되어, 생활비 지출의 증가가 대중교통수단이 아닌 자가용 이용 비율의 증가 효과를 발생시키고 있는 것으로 해석되었다.

둘째, 매개변수에 의해 매개되는 간접효과에 대한 분석결과에서, 토지이용/교통 특성과 가구/주택 특성 잠재변수가 대중교통비 지출비율에 부(-)의 영향을 미치는 것으로 나타났다. 이는 토지이용/교통 특성과 가구/주택 특성 잠재변수가 생활비 지출 잠재변수를 매개로 할 때, 대중교통 이용의 상대적 감소로 이어지는 구조적 관계가 존재한다는 점을 확인하였다. 이는 여가활동과 관련한 생활비 지출이 이루어지는 과정에서 계획·정책적 수단을 통하여 대중교통을 보다 편리하게 이용할 수 있는 여건을 갖추어 줄 필요가 있음을 의미한다.

셋째, 총 효과 측면에서는 대중교통비 지출비율에 대하여 토지이용/교통 특성과 가구/주택 특성 잠재변수는 정(+)의 영향을 미치고 생활비 지출 잠재변수는 부(-)의 영향을 미치는 것으로 확인되었다. 즉, 토지이용 특성과 교통 특성이 대중교통 이용 증대에 긍정적인 영향을 미칠 수 있음을 나타낸다.

기존에 수행되었던 선행연구에서는 자가용을 보유하고 있는 가구와 그렇지 않은 가구 간의 통행비용 지출비율 차이를 밝혔음에도 불구하고, 그동안 이를 분리하여 수단 분담률에 미치는 영향을 확인한 사례는 부재하였다. 이 절에서는 자가용 보유가구의 대중교통비 지출비율에 영향을 미치는 잠재적 요인을 도출하고 이들 간 구조적 인과관계를 밝혔다. 이를 통해 정부가 그동안 지속적으로 실행한 대중교통수단 이용 증진 정책이 가구의 대중교통 지출비율 증가에 긍정적인 영향을 미침을 확인하였을 뿐만 아니라 가구/주택 특성과 생활비 지출이 대중교통비 지출비율에 미치는 영향을 확인하였다. 이는 가구의 대중교통수단 이용을 증가시키기 위해 대중교통 요금의 보조, 버스 및 지하철 노선의 확충 등 직접적인 교통정책뿐만 아니라 가구/주택의 특성과 일상 및 여가활동에 소요되는 생활비 지출을 관리할 수 있는 정책을 통해 가구의 대중교통수단 이용을 보다 효과적으로 증대시킬 수 있음을 시사한다. 더불어 대중교통비 지출비율 대신에 실질적인 교통수단 선택 여부를 토대로 한 추가적인 연구가 필요하다는 점과 실증분석에서 고려하지 못한 영향요인을 포함한 추가적인 연구가 필요함을 밝혀둔다.

□ 참고문헌

● 국내문헌

◦ 단행본

국토해양부, 2010, 여객통행실태조사 ‐연구보고서‐.

국토해양부, 2011, 제2차 대중교통기본계획(2012~2016).

김태현, 2008, 서울시내 주거이동의 시・공간적 특성, 서울대학교 박사학위 논문.

남영우, 2012, 도시공간구조론, 법문사.

문수백, 2009, 구조방정식모델링의 이해와 적용 with AMOS17.0, 학지사.

문화체육관광부, 2014, 국민여가실태조사 ‐연구보고서‐.

박강민, 2011, 이용자 및 공간적 특성이 쇼핑 및 여가시설의 이용행태에 미치는 영향에 관한 연구, 한양대학교 석사학위논문.

신임호, 2012, 서울시 지하철 통행패턴을 통한 연령계층별 활동중심지 분석 연구, 한양대학교 박사학위논문.

이창효, 2012, 토지이용‐교통 상호작용을 고려한 주거입지 예측모델 연구, 서울시립대학교 박사학위논문.

이학식, 임지훈, 2007, 구조방정식 모형분석과 AMOS 6.0, 법문사.

장성만, 2012, 통행기점의 토지이용특성이 교통수단 분담률에 미치는 영향: 경로분석기법을 적용하여, 서울시립대학교 도시공학과 석사학위논문.

장윤정, 2013, 가구유형별 여가통행패턴의 영향요인에 관한 실증연구: 가구의 생애주기를 중심으로, 서울시립대학교 박사학위논문.

채윤식, 2014, 서울시 쇼핑・여가통행 패턴변화에 의한 도시 내 새로운 결절지역 형상과 통행의 공간적 특성 변화, 서울대학교 석사학위논문.

한국교통연구원, 2011, 국가교통조사 ‐연구보고서‐.

한국교통연구원, 2012, 2011년「국가교통수요조사 및 DB구축사업」전국 여객 O/D 전수화 및 장래수요예측 Ⅰ.

한국교통연구원, 2013, 2013년「국가교통조사 및 DB구축사업」여객교통수요분석 개선방안 연구.

◦ 논문

강유원, 강동수, 김지회, 2002, "대학생의 여가활동 실태에 관한 연구 – 서울지역 대학생들을 중심으로-", 한국체육철학회지 제10권 제1호, 35-52쪽.

고승욱, 김기중, 이창효, 2017, "토지이용 특성과 도시활동 잠재력이 여가통행의 연령대별 목적지 선택에 미치는 영향요인 연구", 서울도시연구 제18권 제1호, 43-58쪽.

고승욱, 이승일, 2017, "통행목적지로서 서울 행정동의 특성이 고령인구 연령대별 비통근 통행에 미치는 영향 분석", 한국지역개발학회지 제29권 제1호, 79-98쪽.

김상황, 윤대식, 김갑수, 2004, "도시 여가활동 참여형태 및 요인분석", 대한교통학회지 제22권 제3호, 41-48쪽.

김성희, 이창무, 안건혁, 2001, "대중교통으로의 보행거리가 통행수단선택에 미치는 영향", 국토계획 제37권 제7호, 297-307쪽.

김원철, 2013, "고령자와 비고령자의 여가통행시간 이질성 연구 - 충남도시권과 농어촌권을 중심으로-", 한국ITS학회논문지 제49권 제5호, 87-97쪽.

김은영, 이정아, 김형곤, 정진형, 2014, "도시생태공원 이용자 특성 연구 - 길동생태공원, 여의도샛강생태공원을 사례로-", 한국조경학회지 제42권 제1호, 64-74쪽.

김은지, 김재휘, 2012, "기다림의 심리학: 시간 비용 발생에 대한 예상 여부 및 동기가 제품 및 서비스에 대한 가치 지각에 미치는 효과", 한국심리학회 학술대회 자료집, 307쪽.

김지현, 김재석, 2009, "선호하는 여가활동과 여가공간의 이동거리시간 관계분석 - 대학생을 중심으로-", 한국항공경영학회지 제7권 제2호, 33-48쪽.

나승원, 여옥경, 2011, "통행시간예산의 지역적 특성 분석 연구", 국토지리학회지 제45권 제1권, 27-39쪽.

남은영, 최유정, 2008, "사회계층 변수에 따른 여가 격차 - 여가 유형과 여가 및 삶의 만족도를 중심으로", 한국인구학 제31권 제3호, 57-84쪽.

노시학, 1994, "서울시 노령인구의 통행패턴 분석", 한국지리학회지 제14권 제2호, 91-107쪽.

박강민, 최창규, 2012, "근린 토지이용 특성이 근린 내·외부 쇼핑 및 여가시설 선택에 미치는 영향: 서울시를 대상으로", 국토계획 제47권 제3호, 249-263쪽.

박민규, 박순희, 2008, "여자대학생의 여가소비성향 유형에 관한 연구", 여가학연구 제6권 제2호, 83-107쪽.

박성호, 임하나, 최창규, 2016, "주중 여가통행에 영향을 미치는 개인 및 출발지 근린환경 특성 분석", 국토계획 제51권 제5호, 183-197쪽.

박영진, 윤경선, 양재영, 2015, "여가몰입이 직장만족과 고객지향성 및 경영성과에 미치는 영향", International Journal of Tourism and Hospitality Research 제29권 제5호, 91-104쪽.

박지영, 노정현, 성현곤, 2008, "구조방정식모형을 활용한 TOD 계획요소의 대중교통 이용효과 분석 - 서울시 역세권을 중심으로", 국토계획 제43권 제5호, 135-151쪽.

박진석, 박성훈, 2012, "도시근로자 가구의 여가수요에 관한 연구 - 가구특성별 장기소득탄력성 비교를 중심으로", 산업경제연구 제25권 제5호, 2999-3018쪽.

서동환, 장윤정, 이승일, 2011, "보상 메커니즘을 고려한 도시공간구조측면에서의 평일통근통행과 주말여가통행 상호관계분석", 국토계획 제46권 제7호, 89-101쪽.

성웅현, 박동련, 2001, "로버스트 추정에 근거한 수정된 다변량 T2-관리도", 품질경영학회지 제29권 제1호, 1-10쪽.

성현곤, 김태호, 강지원, 2011, "구조방정식을 활용한 보행환경 계획요소의 이용만족도 평가에 관한 연구 - 종로 및 강남일대를 대상으로", 국토계획 제46권 제5호, 275-288쪽.

성현곤, 노정현, 김태현, 박지형, 2006, "고밀도시에서의 토지이용이 통행패턴에 미치는 영향: 서울시 역세권을 중심으로", 국토계획 제41권 제4호, 59-75쪽.

성현곤, 신기숙, 노정현, 2008a, "쇼핑 및 여가시설의 유형과 입지가 통행수단 선택에 미치는 영향", 국토계획 제43권 제5호, 107-121쪽.

성현곤, 신기숙, 노정현, 2008b, "서울시의 주차 및 대중교통 이용여건이 통행목적별 교통수단 선택에 미치는 영향", 대한교통학회지 제26권 제3호, 97-107쪽.

송운강, 류환경, 2005, "TCM의 여행비용변수에 대한 논의", 관광연구저널 제19권 제3호, 125-137쪽.

신두섭, 박승규, 2012, "공공문화기반시설 이용만족도 결정요인 분석", 문화경제연구 제15권 제3호, 139-159쪽.

신상영, 2004, "토지이용과 자동차 의존성 간의 관계 - 서울시를 사례로", 서울도시연구 제5권 제1호, 71-93쪽.

원제무, 1984, "An application of multinomial logit model to Jongro corridor travellers", 대한교통학회지 제2권 제1호, 103-119쪽.

윤대식, 1999, "통근통행 이전의 비 통근통행 발생여부와 교통수단 선택행태 분석", 대한교통학회지 제17권 제5호, 57-65쪽.

이성림, 김기옥, 2009, "우리나라 독신가구의 여가활동 소비지출패턴에 관한 연구", 소비문화연구 제12권 제3호, 105-123쪽.

이승일, 2010, "저탄소·에너지절약도시 구현을 위한 우리나라 대도시의 토지이용-교통모델 개발방향", 국토계획 제45권 제1호, 265-281쪽.

이혜승, 이희연, 2009, "서울시 대중교통체계 개편 이후 통근 교통수단 선택의 차별적 변화", 대한지리학회지 제44권 제3호, 323-388쪽.

이희숙, 2000, "도시근로자 가계의 교통비 지출에 영향을 미치는 요인의 변화: 1985~1998", 소비자학연구 제11권 제3호, 15-39쪽.

장미나, 한경혜, 2015, "일·가족·여가활동 시간비율로 살펴본 맞벌이부부의 역할분배 유형과 유형별 일상 정서경험", 가족과문화 제27권 제2호, 98-129쪽.

장성만, 안영수, 이승일, 2011, "행정동별 접근도가 교통수단별 분담률에 미치는 영향분석", 국토계획 제45권 제4호, 43-54쪽.

장성만, 이창효, 2015, "자동차 소유가구의 대중교통비 지출비율에 대한 영향요인 연구", 지역연구 제31권 제3호, 19-37쪽.

장윤정, 2015, "가구생애주기별 여가관광이동 행태 특성분석: 거주기에서 여가관광목적지를 중심으로", 관광연구저널 제29권 제8호, 111-123쪽.

장윤정, 2017, "가구구조별 여가활동 이동시간에 대한 한계이동 패턴", 관광연구저널 제31권 제9호, 21-32쪽.

장윤정, 김흥렬, 2017, "거주 여가 환경과 여가이동 목적지 선택과의 관계 연구", 관광연구 제32권 제5호, 261-276쪽.

장윤정, 이창효, 2016, "20~30대 1인가구의 여가통행 목적지 공간선택과 선호에 관한 행태특성", 서울도시연구 제17권 제2호, 77-96쪽.

전명진, 1997, "토지이용패턴과 통행수단 간의 관계: 서울의 통근통행수단을 중심으로", 대한교통학회지 제15권 제3호, 39-49쪽.

전명진, 백승훈, 2008, "조건부 로짓 모형을 이용한 수도권 통근 수단선택 변화 요인에 관한 연구", 국토계획 제43권 제4호, 9-19쪽.

조광래, 2010, "수도권 기업이전 지원정책의 효율성과 입지특성에 관한 연구", 서울행정학회 학술대회 논문집 제4권, 139-160쪽.

조남건, 윤대식, 2002, "고령자의 통행수단 선택 시 영향을 주는 요인 연구", 국토연구 제33권, 8-144쪽.

추상호, 2012, "서울시 주말통행특성 분석 연구", 한국ITS학회논문지 제11권 제3호, 92-101쪽.

추상호, 이향숙, 신현준, 2013, "수도권 가구통행실태조사 자료를 이용한 고령자의 통행행태 변화 분석", 국토연구 제76권, 31-45쪽.

최숙희, 2009, "여가활동 유형과 정책과제: 연령과 가구소득 중심으로", 여성경제연구 제6권 제2호, 111-128쪽.

최자은, 최승담, 2014, "사회계층별 도시 내 여가목적 이동성 변화특성 분석 - 사회네트워크분석을 활용하여-", 관광학연구 제38권 제1호, 68-82쪽.

추상호, 나승원, 2011, "통행시간예산의 특성 분석: 수도권을 사례로", 도시행정학보 제24권 제2호, 3-22쪽.

한상용, 이재훈, 2010, "국내 가구 교통비의 지출 구조 및 영향요인 분석", 대한교통학회지 제28권 제2호, 33-43쪽.

한수경, 이희연, 2015, "서울대도시권 고령자의 시간대별 대중교통 통행흐름 특성과 통행 목적지의 유인 요인 분석", 서울도시연구 제16권 제2호, 183-201쪽.

● 국외문헌

Ahmed, A. and Stopher, P., 2014, "Seventy Minutes Plus or Minus 10 - A Review of Travel Time Budget Studies", *Transport Reviews*, 34(5): 607-625.

Cervero, R. and Kockelman, K., 1997, "Travel Demand and The 3ds: Density, Diversity, and Design", *Transportation Research Part D: Transport and Environment*, 2(3): 199-219.

Frank, L.D. and Pivo, G., 1994, "Impacts of Mixed Use and Density on Utilization of Three Modes of Travel: Single-Occupant Vehicle, Transit, and Walking", *Transportation research record*, 1466: 44-52.

Gibson, H. J., 2006, "Leisure and later life: Past, present and future", *Leisure Studies*, 25(4): 397-401.

Gunn, H., 1981, "Travel Budgets - A Review of Evidence and Modeling Implications", *Transportation Research*, 15(A): 7-23.

Haab, T.C. and McConnell, K.E., 2002, *Valuing Environmental and Natural Resources: The Econometrics of Non-Market Valuation*, Cheltenham, UK・Northampton, MA, USA: Edward Elgar Publishing Inc.

Howes, A., 2011, *Principles of Bus Service Planning*, Alan Howes

Associates, Scotland UK.

Kanafani, A.K., 1983, *Transportation Demand Analysis (McGraw-Hill series in transportation)*, McGraw-Hill College.

Kim, S. and Ulfarsson, G., 2004, "Travel mode choice of the elderly: effects of personal, household, neighborhood, and trip characteristics", *Transportation Research Record*, 1894: 117-126.

Krygsman, S., Dijst, M. and Arentze, T., 2004, "Multimodal public transport: an analysis of travel time elements and the interconnectivity ratio", *Transport Policy*, 11(3): 265-275.

Lawrence, D., Martin, A. and Schmid. T., 2004, "Obesity Relationship with Community Design, Physical Activity, and Time Spent in Cars", *American Journal of Preventive Medecine*, 27(2): 87-96.

Leitner, M. J. and Leitner, S. F., 2004, *Leisure in later life*, Haworth Press.

McFadden, D., 1974a, "The measurement of urban travel demand", *Journal of Public Economic*, 3: 303-328.

McFadden, D., 1974b, "Conditional Logit Analysis of Qualitative Choice Behavior", *Frontiers in Econometrics*, 105-142.

Moiseeva, A., Timmermans, H., Choi, J. and Joh, C. H., 2014, "Sequence Alignment Analysis of Variability in Activity Travel Patterns Through 8 Weeks of Diary Data", *Transportation Research Record*, 2412: 49-56.

Morgan, D.H.J., 1986, *The Family, Politics and Social Theory*, Routledge: London and New York.

Naess, P., 2006, "Are short daily trips compensated by higher leisure mobility?", *Environment and Planning B: Planning and Design*, 33: 197-220.

Nemes, S., Jonasson, J.M., Genell, A. and Steineck, G., 2009, "Bias in odds ratios by logistic regression modelling and sample size", *BMC Medical Research Methodology*, 9(56): 1-5.

Parsons, G.R. and Kealy, M.J., 1992, "Randomly Drawn Opportunity Sets in a Random Utility Model of Lake Recreation", *Land Economics*, 68: 93-106.

Rasouli, S., Timmermans, H. and van der Waerden, P., 2015, "Employment status transitions and shifts in daily activity-travel behavior with special focus on shopping duration", *Transportation*, 42(6): 919-931.

Rapoport, R. and Rapoport, R.R., 1975, *Leisure and the Family Life Cycle*, Routledge.

Short, J.R., 1978, "Residential Mobility", *Progress in Human Geography*, 2: 419-447.

Stopher, P. and Zhang, Y., 2010, "Stability of Travel Time Expenditures and Budgets – Some Preliminary Findings", *33rd Australasian Transport Research Forum ATRF 2010; Planning and Transport Research Centre (PATREC)*, Australia.

Tacken, M., 1998, "Mobility of the Elderly in Time and Space in the Netherlands: An Analysis of the Dutch National Travel Survey", *Transportation*, 25: 379-399.

Wegener, M., 1996, "Reduction of CO_2 emissions of transport by reorganisation of urban activities", *Transport, Land-Use and the Environment*, Dordrecht: Kluwer Academic Publishers, 103-124.

Yi, C. and Lee, S., 2014, "An empirical analysis of the characteristics of residential location choice in the rapidly changing Korean housing market", *Cities*, 39: 156-163.

Zahavi, Y., 1979, *The 'UMOT' Project*, Washington DC: US Department of Transportation & Bonn: Ministry of Transport, Federal Republic of Germany.

Zahavi, Y. and Ryan, J., 1980, "Stability of Travel Components over Time", *Transportation Research Record*, 750: 19-26.

Zahavi, Y. and Talvitie, A., 1980, "Regularities in Travel Time and Money Expenditures", *Transportation Research Record*, 750: 13-19.

제4장

일자리 기반의 여기활동

제1절 도시공간구조와 통행 및 거리

1. 수도권의 광역 중심지 위계와 통행 연구[1]

1) 왜 수도권의 중심지 위계가 일자리에 중요한가?

1960년대 이후 도시의 급격한 성장과 도시권의 확대로 인해 수도권은 중심도시인 서울 및 인천, 경기도를 포함한 하나의 대도시권을 형성하게 되었고, 이러한 수도권의 도시공간구조는 교외화, 다핵화라는 측면에서 논의되고 있다(손승호, 2007). 이는 인구 및 기업이 중심도시를 벗어나 인근지역에 입지하게 됨으로써 다양한 활동의 중심지가 형성되고, 이로 인해 중심도시로의 활동뿐만 아니라 주변도시 간의 경제활동이 활발해지는 것으로 설명할 수 있다. 그러나 이러한 다핵화 현상은 도심부의 교통체증을 완화시키고 주변지역의 주거지와 가깝게 형성된 중심지로 인한 직주근접 효과를 얻을 수 있다는 점에서 긍정적으로 평가받기도 하였으나, 수도권의 다핵화 과정에 대해 통근거리의 증가 및 교통혼잡의 심화, 직주 불균형 등의 문제가 지속적으로 제기되어 왔다(Gordon et al., 1986; Gordon et al., 1989; 최막중·지규현, 1997; 송미령, 1998; 김강수·김형태, 2008;

---

1) 본 단락은 학회지 지역연구에 게재된 논문(김현철·안영수, 2018, 통근통행에 기반한 수도권 중심지 설정 방법론 연구, *지역연구*, 한국지역학회, 34(2), pp.49-64)을 기반으로 수정 및 편집하여 작성되었음.

김재익·권진휘, 2013).

이러한 문제에 효과적으로 대처하고, 도시공간을 효율적, 체계적으로 이용하기 위해서는 도시공간정책의 기초가 되는 중심지체계의 명확한 설정과 그에 맞는 추진·발전 전략이 동반되어야 한다(옥석문·이명훈, 2008). 이에 서울시는 '2030 서울플랜'을 수립하여 3도심-7광역중심-12지역중심의 중심지체계 및 53개의 지구중심을 설정하였고, 인천광역시는 2020도시기본계획에서 공간구조를 3도심-5부도심으로 두고 구·신시가지의 개발을 도모하여 중심지를 육성하고자 하였다(옥석문·이명훈, 2008; 정윤영·문태헌, 2014). 특히 최근 서울시는 창동, 상계지역의 가용가능한 부지를 활용하는 도시재생활성화계획을 통해 동북부지역의 신경제중심지 프로젝트를 추진함에 따라 의정부, 남양주, 양주 등 수도권 외곽과 도심을 연결하여 경제적 활성화를 도모할 수 있는 새로운 중심지를 육성하려 하고 있다(이태규·최재필, 2017). 이러한 점에서 볼 때, 중심지체계의 확립은 일정 범위에 대해 공간계획 단위로 하여 시민들이 기초적이고 편리한 생활을 영위하는 데 중요하다고 할 수 있다(오병록, 2015).

중심지에 관한 기존의 연구는 중심지 및 그 범위를 다양한 지표를 통해 설정하거나, 중심지의 성장과 쇠퇴를 진단하는 한편 도시내부구조의 변화 및 영향요인을 도출하고자 하였다(김현민, 1988; 김창석·우명제, 2000; 옥석문·이명훈, 2008; 임영식·이창수, 2016). 그러나 이들 연구는 대부분 특정 지표를 기준으로 중심지 및 경계를 설정함에 따라 해당 지역의 특성을 제대로 반영하지 못하는 한편 주변지역 간의 공간적인 상호작용을 고려하지 못하였다(김창석·우명제, 2000; 임영식·이창수, 2016). 다핵도시공간구조에서의 통근·

통학통행과 같은 공간적 상호작용에 대한 고려 없이 중심지를 설정하는 것은 실제 사람들의 활동에 비효율성을 초래할 뿐만 아니라 그동안 제기되어온 다핵화로 인한 문제점들이 반복될 수 있다.

따라서 이 단락에서는 수도권의 공간적 상호작용을 고려한 중심지의 설정방법론을 구축하고, 기존의 중심지 설정방법과 비교·분석한다. 즉, 수도권의 지역 간 통근통행을 기초로 공간 상호작용을 분석하여 고용의 중심지를 설정할 수 있는 방법을 제시하고, 선행연구에서 활용하였던 다양한 방법론을 적용한 결과와 비교·분석하는 것이다. 이를 통해 사람들의 활동패턴을 고려한 중심지를 규명함으로써 효율적인 중심지체계를 확립하기 위한 방향을 제시하고자 한다. 이는 향후 일자리를 중심으로 발생하는 다양한 통행의 변화와 예측을 위한 중요한 기초자료가 될 것이다.

수도권의 중심지 설정을 위해 지역 간 통근통행 데이터를 활용하였으며 2015년 수도권을 연구의 범위로 설정하였다. 수도권은 하나의 대도시권으로써 개별 도시 내에서의 활동뿐만 아니라 주변지역과의 상호작용이 활발하게 나타나고 있다. 특히 각각의 도시차원에서 공간계획을 통해 중심지체계를 마련하고 있으나 사람들의 활동패턴은 그 범위를 뛰어넘어 나타나기 때문이다. 공간적 단위는 활동패턴의 범위를 명확히 구분할 수 있는 수도권의 행정동으로 하되 통근통행량이 매우 적은 강화, 옹진군은 제외하였다.

2) 중심지 설정의 이론적 근거는 무엇이며, 어떤 연구가 진행되어 왔나?

중심지에 관한 이론은 크리스탈러의 중심지이론에서 발전해왔다.

크리스탈러는 일정한 크기의 결절지역(nodal region) 혹은 기능지역(functional region)에 대해 서비스기능을 제공하는 지역을 중심지라 하였다. 또, 중심지의 기능이 작동할 수 있는 최소한의 요구 인구와 그 기능이 도달할 수 있는 최대 한계거리를 이용하여 중심지와 중심지로부터 재화 및 서비스를 공급받는 배후지역(hinterland)을 설정하고, 이를 통해 계층별 중심지체계를 설명하였다(국토 및 지역계획론, 2009; 임영식·이창수, 2016). 이후 중심지의 성격이 재화와 서비스에 따라 다르다는 것에 착안하여 뢰쉬는 비계층적 중심지체계를 통해 기존의 이론을 수정·보완하였다. 이는 중심지체계가 각 중심지의 크기와 성격에 따라 연속적인 구조를 만들며, 기능적 특화에 대한 이론적 틀을 제공한 것이다(이창수, 1992).

초기의 중심지에 관한 연구는 상업, 업무, 행정 등 중심기능이 밀집해 있는 도심을 대상으로 진행되었으며 이에 대해 여러 연구에서 중심지를 정의하고 있다. 김창석(1998)은 도심을 도시 내 중주관리적 기능과 상업·서비스기능 등 도심적 기능이 가장 많이 집적해 있는 제1의 중심지라 하였다. 특히 도심에는 장소적 매력, 기능상의 편의, 기능상의 자력, 기능상의 명성, 개인적 요소 등의 요인으로 인해 기능들이 집중되는 것으로 설명하였다(Carol, 1960).

이시룡(1991)은 모든 종류의 중심 서비스가 집중된 지구 혹은 사적 이익을 위한 재화와 서비스의 소매, 업무활동이 일어나는 토지이용이 집적된 지구로 도심기능을 정의하였으며, 윤철현 외(2003)는 도시 내 중심지란 상업기능을 수행하는 상업업체가 집적되어 각 기능을 수행하면서 기능 간 상호작용을 지속하며 여타 기능을 유인 또는 압출시키는 곳이라고 하였다.

김상수 외(2008)는 중심지에 대한 개념을 인구 유입력이 있는 도시기능과 활동들이 집중된 하나 이상의 단위지역으로 하고, 이에 고용자 수 또는 고용밀도 지표를 통해 중심지를 인식하였다. 서주옥 외(2017)는 중심지는 상업, 업무, 행정 등 다양한 기능이 집적되어 있는 특징이 있으므로 용도별 연면적과 같은 물리적 특성이 강하게 나타나는 곳을 중심지로 보았다.

중심지이론에 근거하여 도시공간 구조상의 중심지에 대한 연구들은 중심지의 기능과 역할에 따라 정의하고 있으며, 이를 구분하기 위한 다양한 지표를 반영하여 분석하고 있다.

중심지 및 그 경계를 설정한 연구는 초기의 중심지이론에서부터 발전하면서 현재까지 꾸준히 진행되어 왔다. 이들 연구는 중심지의 규모와 밀도, 형태, 도시공간상에서의 기능을 밝혀 그 특징을 발견하고자 하였다(전명진, 2003). Murphy and Vance(1967)는 전고도지수, 중심업무고도지수, 중심업무집약도지수 등을 이용하여 도심의 기능을 구분하여 그에 따라 CBD의 경계를 설정하였다. McDonald(1987)는 고용중심지에서는 대부분 상업활동이 많이 이루어진다는 전제하에 총고용밀도와 고용/인구밀도비율의 지표가 중심지를 설정하는 데 유용하다고 보았다. 그러나 밀도나 고용/인구비율과 같은 지표의 수준에 따라 많은 연구에서는 각기 다른 결과를 도출하였다. 이들은 각각 고용밀도가 전체 지역의 2배 이상인 지역을 중심지로 정의하거나, 인접한 지역보다 고용밀도가 높은 지역, 단위면적당 고용자 수가 많은 지역 등을 중심지라 하였다(Gordon et al., 1988; Giuliano and Small, 1991; 전명진, 1995).

한편 위와 같은 중심지의 설정이 연구자의 주관적 기준에 따라 달라진다는 문제가 제기되면서 통계적 방법을 활용하여 중심지를 설정하고자 한 연구들이 뒤를 이루었다. 지역 간 고용밀도의 통계적 차이가 유의하게 나타난 지역을 중심지로 정의하거나, 밀도경사함수를 활용하여 중심지로부터의 영향범위를 추정하는 등의 방법이 주로 이용되었다(McDonald and Prather, 1994; Small and Song, 1994). 이후 중심지를 설정하기 위한 모수적 접근방법(parametric methods approaches)의 한계를 극복하고자 비모수적 접근방법(nonparametric methods approaches)을 활용하여 데이터에 근거한 객관적인 중심지의 설정이 시도되기도 하였다(McMillen, 2001; 전명진, 2003; 남기찬·임업, 2009; 허윤경·이주영, 2009). 중심지를 설정하고자 한 많은 연구들은 이러한 밀도 접근방법(density approaches)과 기능적 접근방법(functional approaches)을 이용하였으며, 이에 지가, 상업·업무시설 연면적, 고용자 수 및 고용밀도 등의 데이터를 활용하였다(전명진, 1995; 정대영 외, 2009; 김창석·우명제, 2000; 전명진, 2003; 김혜천, 2002).

선행연구 검토결과, 중심지에 대한 연구는 지역의 기능과 성격에 따라 중심지를 정의하고, 중심지를 설정하기 위해 지가, 토지이용용도 연면적, 고용자 수 등의 데이터에 근거한 정량적인 분석방법을 이용하였다. 그러나 중심지 설정에 있어서 개별 지표를 이용하였고, 이용된 지표가 한정적이며, 대부분 서울시를 중심으로 연구가 진행되었다. 또한 개별 단위지역이 아닌 사람들의 지역 간 활동에 대한 공간적 상호작용 관계를 고려하지 못한 채 중심지를 설정하였다.

따라서 본 연구는 하나의 대도시권을 이루고 있는 수도권의 행정동을 분석단위로 하여 통근통행 OD행렬에 기반을 두고 공간적인 상호작용을 고려한 중심지를 설정한다는 점에서 기존 연구와 차별성을 갖는다. 또한 이를 통해 도출된 결과와 모수적, 비모수적 중심지 설정 방법론을 적용하여 도출된 결과를 비교함으로써 본 연구의 중심지 설정방법론에 대한 차별성을 검토하고자 한다.

3) 수도권 중심지 설정은 어떻게 할 수 있나?

수도권의 본 연구는 수도권의 지역 간 통행량을 이용하여 중심지를 설정하기 위해 요인분석(factor analysis) 및 공간자기상관분석을 활용하고자 한다. 요인분석은 다수의 변수들을 몇 개의 요인으로 요약하고, 측정된 변수와 내재된 변수 사이에서 그 차원(dimensions)을 감소시킬 수 있는 분석방법이다(Taherdoost et al., 2014). 이는 요인분석의 목적이 다변수의 데이터 행렬에 대해 배후에 숨어 있는 공통인자를 추출함으로써 데이터의 구조를 규명하는 데 있다(이종상, 2000). 이러한 특성으로 인해 사회과학, 교육, 심리학 등 다양한 분야에서 요인분석이 활용되고 있으며, 지리학분야에서는 요인분석에 기초한 공간 상호작용 분석이 활발하게 이루어지고 있다(이종상, 2000; 윤정미·박상철, 2005; 손승호, 2007; 김광익, 2009).

공간 상호작용에 있어서 요인분석은 여러 지역에 대한 통행량을 변수로 하고, 분석의 목적에 따라 출발지-도착지 행렬을 구축하게 된다. Pandit(1994)는 공간 상호작용의 관점에서 주성분분석을 기반으로 한 요인분석(principal component analysis)이 목적통행의 출발지-도착지 쌍에 대해 어떤 요인으로 축약하느냐에 따라 R모드와 Q모드의 행렬로 구분할 수 있다고 하였다. R모드는 유동데이터 행렬에 대해 출발지를 행, 도착지를 열로 구성하는 방법이고, Q모드는 R

모드와 반대방법으로 행렬을 구성하게 된다. 이를 바탕으로 요인분석을 수행할 경우, 상관성이 높은 출발지 또는 도착지로 이루어진 요인이 도출된다. 이때, R모드의 경우 각 지역 간의 통행에 있어서 상관관계가 높은 잠재적 출발지로 요인이 도출되는 것을 의미하며, 이와 반대로 Q모드의 경우 출발지로부터 상대적으로 유사한 통행이 일어나는 잠재적 도착지로 요인이 도출되게 된다.

한편 분석의 과정에서 추출된 요인별로 요인점수(factor score)가 도출되는데, 이는 각 출발지-도착지 간의 통행량의 상대적 크기를 나타낸다. 다시 말하여, 높은 요인점수는 각 요인별 단위지역 그룹 내에서 출발지와 도착지 간의 상대적 통행량이 큰 것으로 해석할 수 있다. 이러한 과정은 요인분석을 이용하여 유동패턴을 분석할 경우, 추출되는 요인과 상관성이 높은 지역들끼리 묶을 수 있고, 이를 통해 통행의 유사성이 강한 지역으로 구분할 수 있다는 것을 보여준다. 또한 출발지-도착지 간 상대적인 통행이 많이 일어나는 지역의 분포를 요인점수를 통해 확인할 수 있으므로 공간적 유동패턴을 파악할 수 있다(조대헌, 2011).

본 연구에서는 고용의 중심지를 설정하기 위해 Q모드의 방법으로 도착지-출발지 행렬(DO)을 구축함으로써 출발지들을 하나의 요인으로 축약하고, 지역 간의 통행에 상관성이 높도록 하는 잠재적 도착지를 도출한다. 분석과정은 일반적인 요인추출의 방법으로써 주성분 분석을 적용하고, Varimax 회전으로 요인회전을 수행하였다. 또한 지역 간 통행의 관계를 고려하기 위해 내부 통행에 해당하는 대각 원소는 0으로 설정하고, 통행량이 매우 적은 강화군, 옹진군을 제외한 수도권 행정동을 대상으로 행렬을 구축하였다. 이를 통해 요인접수의 계수가 가장 높게 도출되는 지역이 주요 도착지가 되며, 이를 본 연구에서의 고용 중심지 후보로 설정하였다.

Tobler(1970)의 지리학 제1법칙(the first law of geography)은 "모든 것은 그 밖의 다른 모든 것과 관련되어 있지만, 인접해 있는 것들이 멀리 있는 것들보다 더 높은 관련성을 보인다"라는 것으로, 이는 공간 자료 간에는 상관관계가 존재한다는 것을 의미한다. 이러한 공간적 자기상관성(spatial autocorrelation)으로 인해 통계적 분석결과의 왜곡이 발생할 수 있어 이를 고려한 분석이 필요하다. 공간적 자기상관관계를 파악하기 위해 많이 활용되는 방법은 모란지수(Moran's I)로써, 공간적 자기상관 정도를 측정할 수 있다(최열 외, 2013).

모란지수의 측정방법은 전역적 모란지수(global)와 국지적 모란지수(local)로 구분되는데, 이는 공간 전체의 자기상관성을 측정하거나 또는 지역 내부의 공간적 연관성을 고려한 국지적 자기상관성을 측정하는 것으로 설명할 수 있다. Anselin(1995)은 국지적 자기상관성을 측정하기 위해 LISA(Local Indicator of Spatial Association) 지표를 개발하였는데, 구체적인 산출식은 아래 식과 같다(이희연·노승철, 2013).

$$I_i = \frac{x_i - \overline{X}}{S_i^2} \sum_{j=1, j \neq i}^{n} w_{i,j}(x_i - \overline{X})$$

$$S_i^2 = \frac{\sum_{j=1, j \neq i}^{n} (x_i - \overline{X})^2}{n-1} - \overline{X}^2$$

이러한 공간적 자기상관분석을 통해 통계적으로 유의한 지역의 공간적 군집패턴을 도출할 수 있다. 따라서 본 연구에서는 요인분석의 결과로 도출된 고용중심지 후보에 대해 LISA분석을 수행하여 각 지역별 요인점수의 군집패턴을 도출하고, 이로 인한 공간적 군집을 최종적인 중심지로 설정하였다. 이때, 공간가중행렬은 인접한 30개의 지역에 대한 역거리 가중행렬로 산출하여 적용하였다.[2]

4) 공간상호작용을 고려한 중심지 분석 결과

수도권 행정동 1,133개 중 강화군, 옹진군을 제외한 1,113개의 행정동을 대상으로 통근통행의 도착지-출발지 행렬(DO)에 대해 요인분석을 수행한 결과, 총 253개의 요인이 도출되었다. 253개의 요인에 대해 설명된 총분산의 회전 제곱합 적재값이 누적 82%까지 설명하였다. 상관관계 행렬상의 값들이 유의한지, 전체 상관관계 행렬이 요인분석에 적합한지를 판단하는 KMO-Bartlett 검정은 유동패턴을 분석하는 데 사용되는 관측치가 지역 간 통행량이고, 각 관측치가 변수의 개수보다 많아야 하나 행정동의 수만큼 한정되어 있으므로 변수 간 상관행렬이 도출되지 않기 때문에 여기서는 수행되지 않았다. 요인에 의해 변수가 설명되는 정도인 공통성은 모두 0.5보다 크게 나타나 각 요인들이 변수를 충분히 설명하고 있음을 알 수 있다. 이를 토대로 상위 10개 요인에 대한 요인분석 결과는 [표 4-1]과 같다.

---

2) 어떤 공간가중행렬이 적합한 지에 대해 합의된 바는 없으며, 연구대상에 따라 공간 인접성 또는 거리 척도를 이용하여 공간가중행렬을 구성한다. 본 연구의 분석단위가 수도권 행정동이므로 각 지점 간의 거리 척도는 적합하지 않다고 판단되어 인접성 척도를 기준으로 가중행렬을 구성하였다. 이때 중심극한정리에 의하여 분석 시 최소 30개의 표본을 포함시킬 수 있도록 하기 위해 인접한 30개 지역에 대해 공간가중행렬을 구성하였다(이창로·박기호, 2013).

[표 4-1] 상위 10개 요인에 대한 요인분석 결과

요인	고유치	설명량	누적설명량
1	8.353	3.727	3.727
2	3.195	2.347	6.074
3	2.468	2.158	8.232
4	2.197	2.058	10.290
5	1.854	1.528	11.819
6	1.615	1.461	13.280
7	1.257	1.292	14.572
8	1.173	1.211	15.783
9	1.113	1.184	16.967
10	1.088	1.003	17.970

한편 요인점수 계수의 값이 큰 지역은 각 요인과 상관성이 높은 출발지로부터의 통행량 중 도착지로의 통행량 표준점수가 높게 되므로 주요 도착지로써 도출되는 것을 의미한다. 이에 본 연구의 주된 관심사인 중심지를 도출하기 위해 요인별로 요인점수 계수의 값이 가장 큰 지역을 파악하였다.

가장 많은 분산을 설명하는 1요인의 주요 도착지는 범박동으로 도출되었고, 상위 10개 요인별 주요 도착지는 용문동, 원곡2동, 남촌도림동, 하안1동, 삼평동, 정자1동, 우이동, 장항1동, 창3동으로 나타났다. 전체 요인 중 서울시 84개, 인천 30개, 경기도 139개가 도출되었고, 각 지역은 [그림 4-1]과 같다. 그러나 이들 중심지는 이동 패턴의 유사성에 대해 변수 간 상관관계에 의해서 결정되므로, 관측치의 절대적인 크기를 반영하지 못하며, 이러한 문제점은 이종상(2000)과 조대헌(2011)의 연구에서도 지적되고 있다. 따라서 각 지역별 총 통근통행 유입량을 고려하여 이를 반영할 필요가 있다.

먼저 지역별 총 통근통행 유입량의 분포는 [그림 4-2]와 같다. 유입통행량이 가장 많은 지역은 역삼1동이 190010.4로 가장 많았고, 그 뒤로 여의동, 명동, 종로1·2·3·4가동의 순으로 각각 152534.2, 124326.3, 110582.3 통행으로 많았다. 가장 적은 유입통행량을 보이는 지역은 연천군의 장남면, 중면, 왕징면이 87.567, 61.511, 49.159 순으로 적게 나타났다. 유입 통행량만을 기준으로 중심지를 도출하는 것은 중심지 설정에 관한 선행연구의 밀도 접근 방법과 같이 어떤 값을 중심지의 기준으로 설정할지에 대한 임의성의 문제가 존재한다. 특히, 특정 값을 통해 중심지를 식별하는 것은 개별 공간(지역)을 평가한 것에 그치므로 공간단위 간의 관계를 고려하여 연접한 공간 단위들의 집합으로 중심지를 설정하는 것이 타당하다(김감영, 2011).

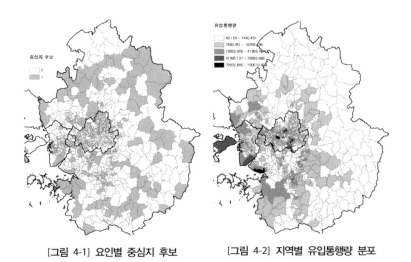

[그림 4-1] 요인별 중심지 후보   [그림 4-2] 지역별 유입통행량 분포

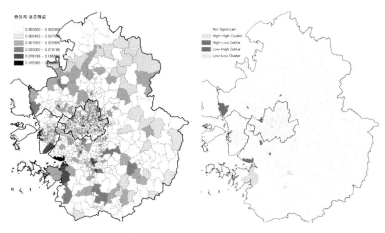

[그림 4-3] 중심지 표준화값 분포 　　　[그림 4-4] 공간상호작용을 고려한 중심지

　　따라서 요인분석의 결과로 도출된 중심지에 지역별 유입통행량의
크기를 반영하기 위해 각 요인점수 계수와 유입통행량을 표준화하였
다. 표준화방법은 요인점수 계수와 통행량을 스케일 조정(re-scaled)
값으로 환산하여 곱하였다. [그림 4-3]과 같이, 가장 높은 표준화값을
갖는 지역은 초지동, 종로5·6가동, 한강로동으로 도출되었고, 이를
포함하여 상위 20개의 표준화값을 갖는 지역은 [표 4-2]와 같다.

[표 4-2] 상위 20개 중심지 후보

시도	시군구	행정동	유입통행량	표준화값
경기	안산시	초지동	100096.8	0.302
서울	종로구	종로5·6가동	72130.01	0.278
서울	용산구	한강로동	65327.51	0.186
서울	중구	을지로동	57504.6	0.157
인천	남동구	논현고잔동	55282.27	0.124
경기	용인시	서농동	27275.99	0.123
경기	화성시	남양동	22713.66	0.119

경기	군포시	군포1동	30934.25	0.109
경기	수원시	원천동	24301.88	0.106
서울	종로구	사직동	61038.05	0.098
서울	서초구	서초3동	58512.99	0.093
서울	송파구	잠실6동	22981.22	0.086
경기	고양시	장항2동	22400.94	0.081
경기	부천시	춘의동	16683.94	0.078
경기	김포시	대곶면	18702.52	0.073
서울	강남구	압구정동	27501.34	0.072
서울	마포구	상암동	19808.49	0.066
경기	의정부시	의정부2동	16922.4	0.065
경기	용인시	죽전1동	14360.56	0.065
서울	송파구	가락1동	10838.92	0.054

마지막으로 앞서 도출한 중심지 후보에 대해 공간적 자기상관분석
인 LISA분석을 수행한 결과, [그림 4-4]와 같이 최종적인 중심지를
도출하였다. 총 21개의 행정동이 유의한 군집패턴을 이루었는데, 군
집경향은 서울의 종로일대와 용산, 강남에서 주변지역과 함께 높은
중심지 표준화값을 보였으며, 세 지역 외에 동선동, 상암동이 서울시
내의 중심지로 설정되었다. 인천·경기지역의 경우 서울시와 비교적
가까운 지역에 중심지가 도출되었는데, 고양시, 의정부시, 김포시, 안
산시, 군포시 등에서 주변지역보다 높은 중심지 표준화값을 갖는 지
역이 탐색되었다. 이들은 각각 서울 도시기본계획인 '2030 서울플랜'
에서 제시하고 있는 서울시의 3도심에 대한 중심지를 보여주고, 지역
간 통근통행에 대해 공간상호작용이 높게 나타나는 성북구와 마포구
일부 지역에 중심지가 도출되었다. 또한, 인천·경기지역은 대부분
산업단지를 포함한 지역에 중심지가 다수 도출되었는데, 이는 고용의
유발효과가 크므로 다른 지역으로부터의 통근통행이 활발하게 이루

어지는 지역이 주로 중심지로 도출되었다. 특히, 경기 남부의 마도면, 남양동, 대원동 등의 지역은 요인점수 계수가 각각 0.328, 0.641, 0.322이고, 유입통행량은 8595.993, 22713.66, 18452.38로 나타났다. 이들 지역은 이동량의 상대적 크기가 크고 유입통행량 또한 비교적 높은 지역이며, 실제로 평택 일반산업단지, 경기화성 바이오밸리, 화성마도 일반산업단지 등의 산업단지가 발달해 있기 때문인 것으로 해석할 수 있다. 이를 정리한 결과는 [표 4-3]과 같다.

[표 4-3] 공간 상호작용을 고려한 중심지

시도	시군구	행정동	유입통행량	표준화값	LMi Index	LMi ZScore	LMiP Value
서울	종로구	사직동	61038.05	0.098	0.029	8.252	0
서울	종로구	종로5·6가동	72130.01	0.280	0.079	18.294	0
서울	종로구	청운효자동	13218.24	0.040	0.013	4.308	0
서울	중구	을지로동	57504.6	0.157	0.101	26.280	0
서울	용산구	남영동	24929.62	0.051	0.014	3.830	0
서울	용산구	한강로동	65327.51	0.186	0.008	2.528	0.011
서울	성북구	동선동	8320.601	0.031	0.008	2.122	0.034
서울	마포구	상암동	19808.49	0.066	-0.005	-2.156	0.031
서울	강남구	논현1동	41995.14	0.047	0.006	2.164	0.030
서울	강남구	압구정동	27501.34	0.072	0.010	3.497	0
경기	의정부시	의정부2동	16922.4	0.065	-0.007	-3.310	0.001
경기	부천시	춘의동	16683.94	0.078	-0.025	-8.736	0
경기	광명시	소하2동	8145.009	0.029	-0.004	-1.995	0.046
경기	안산시	초지동	100096.8	0.302	-0.006	-5.197	0
경기	고양시	장항2동	22400.94	0.081	-0.008	-4.281	0
경기	오산시	대원동	18452.38	0.049	0.002	2.113	0.035
경기	군포시	군포1동	30934.25	0.109	-0.005	-2.246	0.025
경기	용인시	기흥동	9675.174	0.033	0.002	2.112	0.035
경기	김포시	대곶면	18702.52	0.073	-0.000	-2.023	0.043
경기	화성시	마도면	8595.993	0.023	0.001	3.001	0.003
경기	화성시	남양동	22713.66	0.119	0.007	15.117	0

5) 연구의 의의와 시사점

도시공간구조의 다핵화가 진전되면서 발생한 통근거리의 증가 및 교통혼잡의 심화, 직주 불균형과 같은 문제는 사람들의 생활 및 활동에 있어서 부정적인 영향을 미치므로 중심지체계의 명확한 설정을 바탕으로 한 공간구조의 계획이 필요하다. 특히 하나의 대도시권 내에서 사람들의 활동은 지역 내부를 뛰어넘어 주변의 여러 지역으로 움직이는 다방향적인(multidirectional) 특성이 있으므로 이러한 공간적 상호작용을 고려한 도시공간구조 계획이 필요하다. 이에 본 연구에서는 공간 상호작용이라는 관점에서 지역 간 통행량을 이용하여 중심지를 도출하고, 선행연구에서 활용된 분석방법론을 적용 및 분석결과를 비교함으로써 다핵 대도시권에 대한 중심지설정 방법론을 제안하고자 하였다. 이를 통해 실제 사람들의 활동행태를 고려한 공간구조 정책을 수립·보완하는 데 유용한 근거를 마련하고자 하였다.

본 연구의 결과를 요약하면 다음과 같다. 첫째, 수도권 행정동을 대상으로 요인분석을 수행하여 총 253개의 요인별 중심지 후보지가 도출되었고, 각 지역별 총 통근통행 유입량을 고려하여 국지적 공간 자기상관분석을 통해 중심지를 파악한 결과, 서울시의 한양도성도심, 강남, 여의도와 같은 도심 및 인천, 경기지역의 신시가지, 공업단지 인접지역 등에서 중심지가 도출되었다. 이는 기존의 공간구조계획을 통해 설정된 중심지에 고용기능이 집적되어 있어 경제활동이 지역 간으로 활발하게 이루어지고 있음을 알 수 있다. 특히 통근통행을 이용한 본 연구의 분석결과는 수도권의 다핵 도시공간구조의 특성을 보여주고 있다. 이러한 특성은 수도권의 인구 및 고용의 교외화가 진행되어 새로운 지역 중심지가 형성되었고, 이들 입지가 광역적인 중심지의 역할을 하고 있다는 것을 의미한다. 특히 최근 논의되고 있는 수도권 광역급행철도(GTX)의 추진계획과 2020수도권 광역도시계획의 다핵화 추진전략 등을 고려할 때, 서울시와 인접한 위치의 거점도시를 육성함에 있어 본 연구를 통해 확인된 중심지를 반영해야 한다고 보인다.

둘째, 중심지의 설정 및 중심지의 규모나 기능 등 중심지체계를 파악하고자 한 선행연구의 면밀한 검토를 통해 중심지설정에 관한 방법론을 고찰하고, 이를 바탕으로 각각의 방법론을 적용하여 비교·분석하였다. 분석결과, 서울의 주요한 중심지를 포함하여 일부 유사한 중심지가 도출되었으나, 각 방법론마다 상이한 결과가 나타났다. 이는 각각의 방법론이 적용된 연구의 공간적 범위나 당시 중심지에 관한 논의의 맥락에서 볼 때, 도시공간구조 관련 정책의 목적에 맞는 방법론에 따라 중심지를 설정하는 것이 의미 있는 것으로 평가될 수 있음을 의미한다. 다만, 개별 도시가 아닌 도시권 차원의 공간구조 체계가 논의되고 있는 현 상황에서 기존의 방법론을 통해 중심지체계를 파악하기 어렵다고 할 수 있다. 이는 서울 대도시권이 다핵심 공간구조로 나아가는 것이 바람직하며, 도시영역권(urban realms)의 맥락에서 다뤄져야 한다는 김광익(2009)의 연구에서도 기존의 중심지설정 방법론에 관한 재고찰이 필요함을 알 수 있다.

도시공간의 기본이 되는 중심지체계의 명확한 설정은 도시공간을 효율적으로 관리하고, 도시의 장기적인 발전을 도모할 수 있도록 일관성을 가진 계획의 여건을 마련하는 데 있어서 필수적이다. 특히 사람들의 경제활동이 특정한 고용의 중심지에서 발생되는 것이 아니라 다양한 행태를 갖고 이루어지므로 중심지의 기능을 고려한 위계별 중심지체계가 요구된다고 할 수 있다. 본 연구의 분석결과를 통해 개별 도시 내의 중심지가 아닌 수도권의 다핵중심지를 도출함으로써 광역도시권 개념의 중요성을 재확인하였다. 따라서 본 연구의 결과가 미국의 메가 리전(mega region)과 같은 도시권 차원의 공간구조 계획에 있어서 수도권의 경제활성화와 더불어 직주불균형 완화, 교통혼잡 감소 등의 문제를 해결할 수 있도록 계획의 수립 및 보완에 실질적인 도움이 될 수 있을 것이다. 또한, 최근 추진되고 있는 창동·상계지역 경제중심지 프로젝트나 서울시 생활권계획, 광역도시권 수립 등 사람들의 실제 활동행태를 고려한 공간구조의 결정이 중요해지고 있다는 점에서 더욱 의미 있을 것으로 판단된다.

본 연구는 지역 간의 통근통행을 이용하여 공간적인 상호작용에 기반한 중심지 설정방법론을 제시함으로써 광역적인 도시권 차원에서의 공간구조 체계의 재고찰이 필요함을 언급하였다. 그러나 본 연구에서는 다핵화된 도시공간구조의 고용의 분산이라는 점에 주목하여 중심지를 설정하는 데 있어 통근통행만을 이용하였다. 고용뿐만 아니라 다양한 활동목적이 도시 외곽으로 분산되어 형성되므로 주변 도시로의 통근통행뿐만 아니라 여가, 쇼핑목적의 통행이 중요해지고 있음에도 불구하고 이를 고려하지 못한 한계를 갖는다. 또한, 통근통행량을 이용한 요인분석이 지역 간의 상관관계에 기반하여 도출되기 때문에 절대적인 통행량의 크기를 반영하거나 공간적 자기상관성을 고려한 분석을 수행했음에도 불구하고 이에 대한 검증이 추가적으로 필요할 것으로 보인다. 그리고 기존의 중심지체계와는 달리 공간적 상호작용을 고려한 중심지가 갖는 특성과 주변지역에 어떤 영향을 미치는지에 대한 논의가 함께 이루어져야 함에도 불구하고 본 연구에서는 다루지 못하였다. 향후 이러한 한계를 보완할 수 있는 연구가 요구된다.

2. 수도권의 통행수단과 통행거리 연구[3]

1) 통행 수단별 통행거리 변화가 중요한 이유

19세기 이후 자동차시대가 도래하면서 도시는 외연적으로 성장하였으며 인간의 활동범위도 넓어졌다. 자동차로 인한 활동범위의 확장은 경제·사회적 측면에서 이익을 가져왔으나 다른 한편으로, 통행을 증가시켜 환경, 에너지소비, 교통혼잡 등의 부정적인 결과를 초래했다(Narisra Limtanakool, 2006). 우리나라 수도권의 경우도 서울을 중심으로 지속적으로 외연적 성장을 하였고, 또한 자동차 수요 및 통행이 크게 증가하였다. 특히 수도권에서의 교통에너지 소비는 2010년 기준으로 30%를 초과하면서(전국 19%), 매우 높은 에너지 소비 비중을 차지하고 있다(KESIS). 이와 같은 상황에서 최근 도시에서의 에너지 소비를 줄이기 위한 다양한 노력들이 이어지고 있으며, 특히 에너지 소비 비중이 높은 수송 부분에 대한 에너지 소비의 감소가 중요해졌다.

수송에너지의 소비를 낮추기 위해서는 에너지소비 대비 수송 인원이 낮은 개인 승용차의 통행 거리를 최소화하고, 필요한 중·장거

---

3) 본 단락은 학회지 도시정책연구에 게재된 논문(김기중·안영수·이승일, 2014, 수도권 지역별 내부통행비율과 대중교통수단 분담률이 평균통행거리에 미치는 영향, *도시정책연구*, 한국도시정책학회, 5(1), pp.63-74)을 기반으로 수정 및 편집하여 작성되었음.

리 통행은 수송 효율이 높은 대중교통으로의 수단전환이 요구된다. 이는 결국 승용차를 이용한 인원의 평균 통행거리를 단축시키기 위한 것으로, 현재까지 도시계획 분야에서는 이 부분에 대한 다양한 연구가 진행되어 왔다. 대표적으로 고밀·압축개발, 혼합토지이용을 도모함으로써 직주근접을 이뤄 통행거리를 단축시키는 연구(Newman & KenWorthy, 1989; Tim Schwanen etc, 2003; Brian Stone etc, 2007)가 있으며 다른 한편으로, 승용차 이용을 억제하고 대중교통 수단으로 전환시키고자 하는 연구(Arefeh Nasri, 2014; Robert A. Johnston, 1999)가 있다.

그러나 직주근접을 통한 통행거리 감소와 대중교통으로의 수단전환이 평균통행거리를 감소시킨다는 공통점이 있음에도 두 방법이 한 도시에서 적용되기에는 한계가 있음이 제기되었다(성현곤, 2010). 또한 Stephen Marshall(2000)은 도시구조가 대안적인 교통수단 선택을 장려할 수 있지만, 장거리 통행에서 승용차의 이용이 오히려 증가할 수 있음을 제시하였다. 이는 한 도시에서 승용차의 이용을 대중교통으로 전환하기 위해 다양한 정책을 실현할 경우 대중교통의 수단 분담률은 증가할 수 있지만, 오히려 승용차의 통행량이 증가할 수 있으며, 반대로 승용차의 이동거리를 단축시키기 위해 고밀·압축 개발할 경우는 승용차 평균 통행거리는 단축될 수 있으나 대중교통의 수단 분담률이 떨어질 수 있음을 의미한다. 따라서 한 도시가 위치한 공간적 특성 또는 대중교통 인프라 여건에 따라서 1인당 승용차를 이용한 통행거리를 감소시키기 위한 정책이 각각 다르게 적용되어야 한다. 하지만 수도권 대부분의 도시에서 수립하는 도시기본계획에서는 수송에너지를 감소시키기 위한 정책이 고밀·압축개발 또는 혼합토지이용을 통한 직주근접과 대중교통 중심개발을 통한 수단 전환이 혼재되어 적용되고 있는 실정이다.

본 연구의 목적은 수도권의 도시(시군구)를 대상으로 직주근접성과 대중교통수단 분담률 현황을 비교 분석하고, 두 요인이 승용차를 이용한 1인당 평균 통행거리에 미치는 영향을 실증 분석하는 것이다. 이는 해당 도시의 수송에너지 감소 계획 수립을 위해 지하철과 같은 대중교통 인프라가 잘 갖추어져 있는 지역과 그 외 지역에서 차별적인 감축 계획이 필요함을 뒷받침하는 기초자료가 될 수 있다. 특히, 본 연구는 직주근접과 대중교통지향개발 계획이 지역적 대중교통 인프라 차이가 고려되지 않고 산발적으로 적용되는 현 시점에서 매우 중요한 연구라 할 수 있다.

본 연구는 질적연구와 양적연구를 병행하였다. 실증분석 방법은 계층분석기법(AHP)을 사용하였다. 통계 패키지는 export choice 2000을 사용하였다. 질적연구는 새만금지구의 개발을 위해 개발안을 제시하였던 다양한 선행연구와 계획요소 및 기준을 선정한 연구 및 사례를 분석하였다. 실증분석 과정은 질적연구를 통해 설계단계에서 고려해야 할 예비변수를 선정하고, 선정된 변수의 객관화 및 전문성 보완을 위하여 전문가와의 면접조사 및 이메일을 통한 피드백을 받아서 종합하는 델파이조사방법(Delphi Method)을 사용하였다. 다양한 분야의 전문가의 의견을 반영하여 최종적으로 선정된 변수는 계층분석기법을 활용하여 지역주민, 민간사업자, 관련부서 공무원 등 다자 간의 의견을 종합하여 계획요소의 중요도를 선정하였다.

2) 수도권 대중교통수단 분담률과 승용차 내부통행비율 산출

수도권 79개 시·군·구 지역의 직주근접성과 수단 분담률을 확인하기 위하여 통행특성 측면에서 내부통행비율과 대중교통수단 분담률을 산출하였다. 내부통행비율은 행정구역에서 이루어지는 전체 통행발생량 대비 내부에서 이루어지는 통행비율이며 혼합토지이용, 직주근접성을 대표한다. 대중교통수단 분담률은 지역 내 전체 통행발생량 대비 대중교통이용비율이며 통행수단의 선택을 확인할 수 있는 지표이다. 분석을 위하여 2006년, 2010년 가구통행실태조사 O/D자료를 활용하였으며 산정식은 아래와 같다.

$$\text{내부통행비율}(\%) = \frac{\sum_{j} T_{(cj + bj + mj)}}{\sum_{i} T_{(ci + bi + mi)}}$$

$$\text{대중교통수단 분담률}(\%) = \frac{\sum_{i} T_{(ci + mi)}}{\sum_{i} T_{(ci + bi + mi)}}$$

T_c : 승용차 통행량
T_b : 버스 통행량
T_m : 지하철 통행량

단, i : 시/군/구, j : 목적이 i 시/군/구인 통행

출발지를 기준으로 오전 첨두시간의 승용차, 버스, 지하철통행을 기반으로 산정하였다. 오전 첨두시간 통행은 출발지와 도착지가 비교적 고정적이고 많은 통행을 유발하므로 통행특성을 반영하기 적절하다.

수도권 시·군·구의 내부통행비율과 대중교통수단 분담률 분석

결과는 [그림 4-5]와 같으며 추세선의 함수식은 아래와 같다.

$$y = 627.13x^{-0.748}, \quad y : 대중교통수단 분담률(2006), \ x : 내부통행비율(2006)$$

$$y = 1900.3x^{-1.015}, \quad y : 대중교통수단 분담률(2010), \ x : 내부통행비율(2010)$$

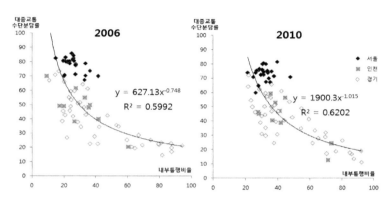

[그림 4-5] 시점별 내부통행비율 및 대중교통수단 분담률

2010년의 추세선이 2006년의 추세선보다 더욱 급격한 기울기를 가졌으며 2006년보다 2010년이 밀집한 형태를 보인다. 전반적으로 대중교통수단 분담률이 낮으면 내부통행비율이 높고, 대중교통수단 분담률이 높으면 내부통행비율이 낮았다. 이는 대중교통수단 분담률과 내부통행비율이 동시에 제고되기는 어렵다는 기존의 연구(성현곤, 2010)와 일치한다. 대중교통수단 분담률이 50% 이상인 지역은 서울과 서울 인근지역인 인천 남구, 인천 부평구, 성남 수정구, 성남 중원구, 의정부시, 안양 만안구, 안양 동안구, 부천 소사구, 광명시, 고양 덕양구, 과천시, 구리시, 군포시로 확인되었으며 그 외의 지역들은 대중교통수단 분담률이 비교적 낮으나 내부통행비율이 높았다.

이러한 결과는 도시가 갖는 특성, 대중교통 여건 등으로 인한 지역적 차이인 것으로 판단된다.

2006년과 2010년 사이의 변화를 살펴보면 [그림 4-6]과 같다. 대체적으로 내부통행비율은 증가하였고 대중교통수단 분담률의 변화는 지역마다 다양하다. 서울시의 경우 두 통행특성이 동시에 증가한 지역은 종로구, 강남구, 서초구 3곳이며 그 밖의 대부분 지역은 내부통행비율이 증가하였고 대중교통수단 분담률은 감소하였다. 인천의 중구, 연수구, 강화군, 옹진군은 내부통행비율과 대중교통수단 분담률이 동시에 증가한 반면, 동구, 계양구, 서구, 남구, 부평구, 남동구

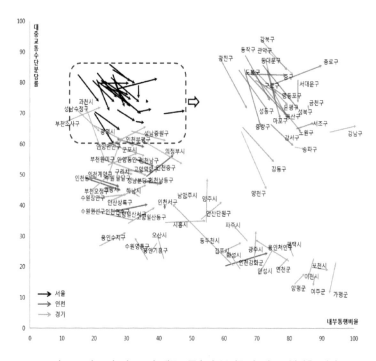

[그림 4-6] 수도권 시군구별 대중교통수단 분담률과 내부통행비율 변화

는 내부통행비율이 증가하였고 대중교통수단 분담률은 감소하였다. 경기도의 경우 두 통행특성이 같이 증가한 지역은 수원 장안구, 수원 팔달구, 안양 만안구, 안양 동안구, 부천 소사구, 부천 오정구, 안산 상록구, 안산 단원구, 고양 일산동구, 고양 일산서구, 남양주시, 시흥시, 의왕시, 용인 수지구, 양주시, 광주시, 양평군, 김포시 17개 지역이다. 내부통행비율은 증가하였으나 대중교통수단 분담률이 감소한 지역은 수원 권선구, 성남 수정구, 성남 중원구, 성남 분당구, 의정부시, 부천 원미구, 광명시, 고양 덕양구, 과천시, 구리시, 군포시, 포천시로 나타났다. 또한 대중교통수단 분담률은 증가하였으나 내부통행비율이 감소한 지역은 수원 영통구, 평택시, 동두천시, 오산시, 하남시, 용인 처인구, 파주시, 화성시이며 두 통행특성이 동시에 감소한 지역은 용인 기흥구, 이천시, 여주군, 연천군, 가평군, 안성시이다. 분석결과를 통해 지역별로 내부통행비율과 대중교통수단 분담률이 다르며 시점별 변화의 차이가 있었다.

3) 대중교통수단 분담률과 내부통행비율과 통근통행거리 분석

수도권을 대상으로 직주근접성 지표인 내부통행비율과 수단선택의 지표인 대중교통수단 분담률을 확인한 결과 지역별 차이가 있음을 확인하였다. 이러한 지역별 통행특성 차이가 승용차 이용인구 1인당 평균통행거리에 어떠한 영향을 미치는지 살펴보고자 한다.

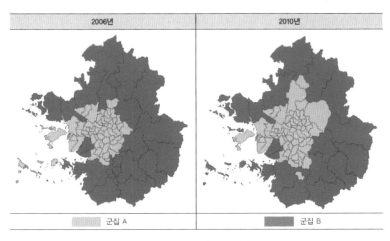

2006년	2010년

군집 A   군집 B

[그림 4-7] 군집분석 결과

분석을 위해 첫째, 지역적 특성을 구분하기 위해 내부통행비율과 대중교통수단 분담률을 기준으로 K-평균군집분석을 수행하였다. 둘째, 유형화된 지역을 대상으로 다중회귀분석을 수행하였고, 이를 통해 군집 간 내부통행비율과 대중교통수단 분담률이 승용차 이용인구 1인당 평균통행거리에 미치는 영향의 차이를 비교하였다. 먼저 군집분석 결과는 [그림 4-7]과 같다. 2006년 시점에서 군집 A는 서울시 25개 구와 강화군을 제외한 인천 9개 구, 수원시 장안구, 수원시 권선구, 수원시 팔달구 성남시, 의정부시, 안양시, 부천시, 광명시, 안산시 상록구, 고양시, 과천시, 구리시, 군포시, 의왕시, 하남시, 용인시 수지구로 총 57개 지역이며 그 외 12개 지역은 군집 B로 속하였다. 군집 A의 평균 내부통행비율 값은 25%, 대중교통수단 분담률은 63%이다. 군집 B의 경우 내부통행비율은 65%, 대중교통수단 분담률 24%로 나타났다. 군집 A의 경우 대중교통수단 분담률이 내부통행비율보다 높은 반면 군집 B는 내부통행비율이 대중교통수단 분담률보다 높았다. 2010년 결과는 2006의 군집 A에서 인천광역시의 옹진군이 제외되었으나 수원시 영통구, 동두천시, 남양주시, 용인시 기흥구, 양주시, 오산시가 포함되어 총 62개의 지역으로 늘어났다. 2010년 군집 A의 평균내부통행비율은 33%, 대중교통수단 분담률은 58%이며 군집 B는 내부통행비율은 73% 대중교통수단 분담률은 23%로 나타났다.

도시의 내부통행비율과 대중교통수단 분담률이 1인당 평균통행거리에 미치는 영향을 분석하기 위하여 다중회귀분석을 활용하였다. 다중회귀분석은 두 개 이상의 독립변수와 종속변수가 어떤 관계가 있는지 확인할 수 있다(이은국·노승용, 2010). 다중회귀식은 아래와 같다.

$$Y = a + \beta_1 X_1 + \beta_2 X_2$$

Y는 종속변수로 승용차 이용인구 1인당 평균통행거리이며 독립변수로 각각 내부통행비율과 대중교통수단 분담률이다. 종속변수인 승용차 이용인구 1인당 평균통행거리는 GIS를 기반으로 산출한 행정동 간 네트워크 거리와 2006년, 2010년 가구통행조사를 활용하였으며 아래식과 같다. 지역 간 직선거리가 아닌 네트워크거리를 활용함으로써 통행거리에 대한 신뢰성을 높였다.

$$VKT(m) = \frac{\sum_j T_{cj} \cdot D_j}{\sum_i T_{ci}}$$

$VKT(m)$: 승용차 이용인구 1인당 평균통근통행거리
T_c : 승용차통행량
D_j : j동에서 발생한 통행의 네트워크거리
i : 시/군/구, j : 읍/면/동
단, $j \in i$

변수설정에 있어 이전의 내부통행비율과 대중교통수단 분담률은 수도권 79개 시·군·구에 대하여 분석히였으나 1인당 평균통행거리는 자료구득의 한계로 경기도 지역을 시단위로 통합한 66개 시·군·구를 대상으로 분석하였다.

[표 4-4] 회귀분석에서 사용된 변수의 기초통계량

구분	2006년 군집 A		2006년 군집 B	
	평균	표준편차	평균	표준편차
1인당 평균통행거리(m)	12,996.3	4,162.8	11,105.6	2,222.8
내부통행비율(%)	26.5	6.9	67.9	16.6
대중교통수단 분담률(%)	65.9	15.1	24.4	6.7
구분	2010년 군집 A		2010년 군집 B	
	평균	표준편차	평균	표준편차
1인당 평균통행거리(m)	14,190.2	3,596.9	12,630.4	3,277.6
내부통행비율(%)	34.3	4.2	73.2	13.8
대중교통수단 분담률(%)	60.9	13.9	22.5	7.5

회귀분석에 앞서 변수들에 대한 기초통계량을 분석하였다([표 4-4] 참조). 2006년 1인당 평균통행거리는 군집 A는 약 13km, 군집 B는 11km이고 2010년 군집 A는 14km, 군집 B 12.5km이다. 2006년에 비해 2010년의 평균통행거리가 길었으며 두 시점 모두 군집 A가 군집 B보다 평균통행거리가 크다. 통행특성의 경우, 2006년 군집 A에서 내부통행비율은 낮았고 군집 B에서는 높았다. 이와는 반대로 대중교통수단 분담률의 경우 군집 A에서 높게, 군집 B에서 낮았다. 2010년의 결과는 내부통행비율과 대중교통수단 분담률이 2006년과 유사한 특성을 보이나 평균적으로 내부통행비율은 증가하였고 대중교통수단 분담률은 감소하였다.

다음으로 수도권 각 군집에 대한 회귀분석결과는 [표 4-5], [표 4-6]과 같다. 독립변수에 대한 공선성을 진단한 결과, VIF값이 2 이하로 나타나 다중공선성의 문제는 없었다. 세부적인 분석결과를 살펴보면, 2006년 군집 A의 결정계수값은 0.12이며 내부통행비율과 대중교통수단 분담률이 1인당 평균통행거리에 부(-)의 영향을 미치는 것으로 분석되었으며 각각 −0.392, -0.298의 영향력을 가졌다. 군집 B의 경우 결정계수값은 0.43으로 군집 A보다 높은 설명력을 보였고 내부통행비율만이 −0.750의 영향력을 가졌다. 2010년 분석결과의 결정계수는 군집 A에서 0.164, 군집 B에서 0.359로 나타났다. 2006년 결과와 같이 군집 B에서 높은 설명력을 보였다. 독립변수의 영향력을 살펴보면 군집 A는 대중교통수단 분담률만 0.449의 부(-) 영향력을 가졌다. 반면 군집 B는 내부통행비율이 1인당 평균통행거리에 0.850의 부(-) 영향력을 미쳤다.

[표 4-5] 2006년 회귀분석 결과

구분	군집 A			군집 B		
R	0.397			0.702		
R2	0.158			0.493		
수정된 R2	0.120			0.430		
F값	4.122			7.793		
유의확률	0.023			0.004		
변수	표준화 계수	유의확률	VIF	표준화 계수	유의확률	VIF
(상수)	-	0.000		-	0.000	
내부통행비율(%)	-0.392	0.011**	1.151	-0.750	0.004***	1.572
대중교통수단 분담률(%)	-0.298	0.051*		-0.084	0.713	

***: 0.01 유의수준, **: 0.05 유의수준, *: 0.1 유의수준에서 유의함

분석결과를 종합하면 2006년 군집 A는 내부통행비율과 대중교통
수단 분담률 두 변수 모두 승용차 이용인구 1인당 평균통행거리에
부(-)의 영향을 가졌다. 이러한 결과는 내부통행비율과 대중교통수단
분담률의 증가는 1인당 평균통행거리를 줄일 수 있다는 기존 선행
연구와 일치한다. 하지만 본 연구의 분석에서는 선행연구와 상반되
는 결과도 도출되었다. 2006년, 2010년의 군집 B는 내부통행비율만
이 1인당 평균통행거리에 유의미한 요소로 분석되었다. 이는 군집 B
의 지역, 즉 수도권 외곽에 분포한 지역들은 승용차 이용인구 1인당
평균통행거리를 줄이기 위하여 대중교통수단 분담률을 증가시키는
정책보다 내부통행비율을 제고시키는 정책이 필요함을 의미한다. 이
와는 반대로 2010년의 군집 A 대중교통수단 분담률만이 1인당 평균
통행거리에 유의미하였다. 서울과 서울인근지역에서는 승용차 이용
인구 1인당 평균통행거리를 줄이기 위하여 대중교통수단 분담률을
높일 필요가 있음을 의미한다. 이상의 분석결과로 수도권의 통행특

[표 4-6] 2010년 회귀분석 결과

구분	군집 A			군집 B		
R	0.445			0.667		
R2	0.198			0.444		
수정된 R2	0.164			0.359		
F값	5.801			5.199		
유의확률	0.006			0.022		
변수	표준화 계수	유의확률	VIF	표준화 계수	유의확률	VIF
(상수)	-	0.000		-	0.000	
내부통행비율(%)	-0.011	0.936	1.169	-0.850	0.11**	1.938
대중교통수단 분담률(%)	-0.449	0.003***		-0.324	0.280	

***: 0.01 유의수준, **: 0.05 유의수준, *: 0.1 유의수준에서 유의함

성은 지역별로 다양하게 나타났으며 통행특성에 따라 1인당 평균통행거리에 미치는 영향이 다름을 확인하였다.

4) 연구의 의의와 시사점

본 연구는 수도권 시·군·구를 대상으로 직주근접성과 대중교통수단 분담률을 비교분석하고, 두 요인이 승용차 이용인구 1인당 평균통행거리에 미치는 영향을 실증 분석하였다. 이를 위해 2006년, 2010년 가구통행실태조사 자료를 활용하여 독립변수인 내부통행비율과 대중교통수단 분담률을 산출하였다. 또한 지역별로 통행특성이 다름을 확인하기 위해 두 통행특성을 기준으로 군집화하였으며 군집, 시점별로 다중회귀분석을 수행하였다. 분석결과를 통하여 도시의 통행특성이 승용차 이용인구 1인당 평균통행거리에 미치는 영향력 차이를 확인하였다.

수도권을 대상으로 내부통행비율과 대중교통수단 분담률을 산정한 결과, 내부통행비율이 높은 지역은 대중교통수단 분담률이 낮으며 내부통행비율이 낮은 지역은 대중교통수단 분담률이 높게 나타남으로써 두 요소가 상충되고 있음을 확인하였다. 이를 기준으로 군집분석을 수행하여 내부통행비율이 낮고 대중교통수단 분담률이 높은 지역을 군집 A, 내부통행비율이 높고 대중교통수단 분담률이 낮은 지역을 군집 B로 구분하였다. 마지막으로 군집·시점별로 다중회귀분석을 수행하였다. 분석결과 2006년의 경우 군집 A는 내부통행비율과 대중교통수단 분담률이 승용차 이용인구 1인당 평균통행거리를 저감시키는 요소로 확인되었으나 2010년은 대중교통수단 분담률만 영향요소로 나타났다. 수도권 외곽지역(군집 B)은 2006년,

2010년 내부통행비율만 평균통행거리를 저감시키는 것으로 확인되었다.

본 연구의 결과는 수도권의 지자체에서 승용차를 이용한 1인당 평균통행거리를 감축시키기 위한 정책을 수립할 때 접근방식이 다르게 적용되어야 함을 의미한다. 대중교통 인프라가 잘 갖추어져 있는 서울 및 인근 지역은 대중교통으로의 수단전환에 중점을 두어 접근해야 하며, 그 외 수도권 외곽 지역에서는 대중교통 수단전환보다는 내부통행비율을 높일 수 있는 압축개발 및 혼합토지이용으로의 접근이 요구된다고 할 수 있다. 이와 같이 수송에너지를 감소시키기 위한 차별적인 접근방식은 해당 지자체의 정책 실효성을 높이고, 보다 효율적인 도시 에너지 감소에 기여할 것으로 기대된다.

제2절 일자리 변화에 대한 새로운 접근, 예측

1. 기업 생애주기의 개념과 이론적 근거

1) 왜 기업의 생애주기를 고려하여야 하는가?

기업은 한 도시에서 매우 중요한 역할을 한다. 기업들은 시민들에게 일자리를 제공할 뿐만 아니라 쇼핑, 문화, 미팅, 여가, 통근 등 다양한 도시활동에 대한 기회를 창출한다. 이러한 활동은 도시활동의 대부분을 구성하며 따라서 도시경제에 영향을 미친다. 기업들은 사무실과 소매시장에서 중요한 역할을 하기 때문에, 기업들은 지역 경제에도 매우 중요하다. 따라서 기업의 변화는 한 도시의 토지이용과 도시구조에 영향을 미칠 수 있다. 더욱이, 그러한 변화는 도시화의 과정을 이해하는 데 핵심적일 수 있고 도시성장을 예측하는 데 도움이 될 수 있다(Kumar S. et al., 2008). 따라서 최근의 많은 연구들은 기업이 입지하면서 생기는 지역적 효과와 이전에 따른 도시공간구조에 미치는 효과를 연구해왔다. 그러나 기업의 입지나 이전과 같은 기업의 공간적 변화를 연구하기 전에 기업의 비공간적 변화를 연구할 필요가 있다. 많은 연구들이 단순히 기업의 총량에서 성장 또는 감소의 비율에 초점을 맞추고 있기 때문에, 이 연구는 통계적 변화와 같은 기업의 다양한 비공간적 변화를 모델링하는 방법에 초점을 맞췄다.

기업의 인구통계학적(생애주기) 변화는 전형적으로 경제학이나 지역경제학 분야에서 연구되어 왔다. 그러나 기업과 연관된 도시공간구조의 변화를 예측하기 위해서는 기업에 대한 새로운 시각이 필요하다. 이 새로운 관점은 기업의 생애주기를 고려한 인구통계학적 접근이다. 일부 선진국, 주로 유럽은 가구의 생활 주기와 유사한 출생, 성장, 쇠퇴, 사망을 기업의 수명 주기로 간주하고 이에 대한 기업의 생애주기기반 통계를 연구해왔다. 특히 Van Dijk(2000)는 기업 인구통계학 분야의 연구가 기업의 공간적 행동에 대한 이해를 높이는 데 어떻게 기여할 수 있는지를 조사했다. Van Wissen(2002)은 기업 인구통계학과 가구 인구통계학의 차이점을 설명하고 기업 인구통계학의 유용성을 강조했다. 더욱이 유럽의 일부 도시들은 고용정책의 발전과 확고한 인구통계모형을 이용한 산업단지나 사무지역의 개발을 위한 다양한 시나리오를 통해 도시공간구조의 변화를 시뮬레이션하고 있다.

한국을 포함한 아시아 국가들은 아직 이 부분에 대한 충분한 연구가 진행되지 않았다. 이러한 연구 부재는 아시아 국가들이 겪고 있는 빠른 성장과 대부분의 산업 단지나 사무실 지역이 정부의 도움으로 지어졌다는 사실 때문일 수 있다. 이러한 성장과 건설은 도시 지역에서 일자리 창출을 가능하게 했다. 하지만 아시아의 많은 나라들은 현재 국제 금융위기 이후 장기간의 저성장 기간을 겪고 있다. 게다가 사무실 건물 공장과 미분양 산업 단지의 수가 증가해왔다. 이러한 공실은 일자리 수의 감소를 의미하며 따라서 지역 경제에 부정적인 영향을 미칠 수 있다. 그러므로 아시아의 도시에게 있어서 기업의 생애주기 기반의 인구통계학을 연구하는 것은 매우 중요하다.

본 단락의 목적은 한국의 수도권 기업의 생애주기에 근거한 통계모델을 개발하고 검증하는 것이었다. 이 연구는 기업통계모형에 대한 개념이 아시아 도시들에 적용 가능한지 여부를 확인하는 첫 번째 연구다. 또한, 이 연구는 아시아의 도시들뿐만 아니라 장기간 저성장을 겪고 있는 한국과 같은 다른 나라들에게도 유용할 수 있다.

2) 기업통계의 이론적 근거는 무엇인가?

기업통계(firmography)는 기업의 생애주기(lifecycles) 변화를 인구통계학적으로 묘사한 것을 의미한다. 기업통계에서 가장 중요한 이벤트(events)는 기업의 생성(birth), 폐업(closure) 또는 고용이나 고객수, 점유면적, 생산품에 대한 성장(growth)과 쇠퇴(decline)이다(Moeckel, 2007). 또한 기업통계는 도시의 성장을 예측하고 도시화의 과정을 이해하는 데 있어서 중요한 키(key)가 될 수 있다. 고용이 높은 지역은 개인이나 상업적인 목적의 많은 통행을 발생시키며 이를 통해 매력도가 높은 지역이 된다(Kumar, et. al., 2008). 기업통계관련 연구에서의 일반적인 목표는 새로운 기업들의 입지선택과 기존 기업들의 재입지선택을 모델링하기 위한 것이다(Hyter, 2004).

이 연구에서는 기업의 성장과 쇠퇴를 고용자 수의 증·감을 기준으로 관련 이론을 검토하였다. 기업의 성장과 쇠퇴 이론은 기업의 장기적인 변화에서 일자리와 고용자 수 증감과 연결되어 도시공간구조에서 매우 중요한 요인이다. 또한, 개별 기업의 장기적인 변화를 통계적으로 예측함에 있어서 매우 중요한 이론이라 할 수 있다.

Gibrat(1931)는 기업의 재입지보다 앞서 기업의 성장과 관련하여 가장 먼저 이론을 정립하였다. 그의 실증적인 분석은 기업의 성장은

기업의 규모와 독립적으로 동일하게 성장한다는 Gibrat의 법칙
(Gibrat's law)으로 알려진 이론으로 정립되었다. 예를 들어 기업 진
체적으로 5%가 성장한다면, 규모가 작은 기업과 큰 기업 모두 각각
5%씩 성장한다고 설명할 수 있다(Moeckel, 2007). Gibrat의 법칙은
확률적 요인에 의하여 모든 기업은 기업 규모와 관계없이 동일한 비
율로 기업 성장에 영향을 미친다는 것을 의미하며, [그림 4-8][4]은
프랑스의 1920년과 1921년 사이 신설 법인 수 증가가 고용규모별로
균등하게 증가하였음을 실증 분석하였다(Sutton, 1997).

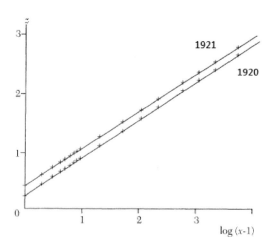

[그림 4-8] 1920, 1921년 프랑스 제조업 신설 법인 수 그래프와 Gibrat's law

하지만 후속 연구자들에 의한 몇몇 실증분석에서는 Gibrat의 법칙
이 적용되지 않음이 증명되었다(Evans, 1987; Hall, 1988; Dunne and

---

4) [그림 4-8]에서 x축은 기업의 고용 크기에 대한 규모별 클래스(x)에 대한 로그를 취한 값
   이며, y축은 Gibrat의 법칙 식을 이용하여 산출된 z값임.

Hughes, 1994; Hart and Oulton, 1996; Wilson and Morris, 2000; Esteves, 2007). 그럼에도 다른 연구들에서는 일부 산업에 대해서 Gibrat 의 법칙이 증명됨을 주장하였다(Hart and Paris, 1956; Simon and Bonini, 1958; Lucas, 1967; Geroski and Machin, 1993; Pfaffermayr and Bellak, 2000; Audretsch et al., 2004). 또한 기업의 나이와 사업성 장률과의 관계는 기업규모가 일정한 경우 기업성장은 나이와 음의 상 관관계를 갖는다는 Jovanovic(1892)의 주장 이후, 대부분의 연구 결과 들이 이러한 주장을 지지하였으나, Das(1995)는 인도 컴퓨터산업의 분석을 통해 정반대의 주장을 제기하기도 하였다(성효종, 2000).

Birch(Moeckel, 2007)는 기업의 고용자 수 대신에 기업의 규모에 따른 기업의 숫자를 기반으로 하는 연구의 중요성을 강조하였다. [그림 4-9]는 기업의 규모에 따른 서로 다른 집단 간의 관계를 설명 하고 있다. 고용자 수, 즉 일자리(job)를 기준으로 0~19명, 20~99 명, 100~499명, 500~4,999명, 5,000명 이상으로 구분하였으며, 좌 측의 '+'로 표시된 숫자는 각 고용 규모별 증가되는 일자리 수를 의 미한다. 마찬가지로, 우측의 '-'로 표기된 숫자는 소멸되는 일자리 수 를 의미한다. 내부에서 위쪽 방향으로 표시된 화살표와 숫자는 기업 의 성장으로 고용자 수가 증가하여 상위 고용 규모로 이동되는 일자 리 수를 의미한다. 반대로 아래쪽 방향으로 표시된 화살표와 숫자는 쇠퇴하여 하위 고용규모로 이동되는 일자리 수를 의미한다. 따라서 동일한 고용 규모 안에서의 기업의 성장과 쇠퇴는 상위 또는 하위 고용규모 집단에 영향을 미친다고 할 수 있다(Moeckel, 2007).

위와 같은 기업의 성장과 쇠퇴와 관련된 이론을 기반으로 경제성 장과 같은 외부영향 요인에 의해 기업의 고용자 수 증가에 대한 전이 확률을 도출할 수 있다. 특히 개별 기업을 고용규모로 집계하여 각 규모별 성장과 쇠퇴 변화를 연구한 Birch(2007)의 연구는 집계된 데이터 중심의 기업입지모델을 개발함에 있어서 매우 중요한 이론적 기반이 될 수 있으며 이를 연구에 활용하였다.

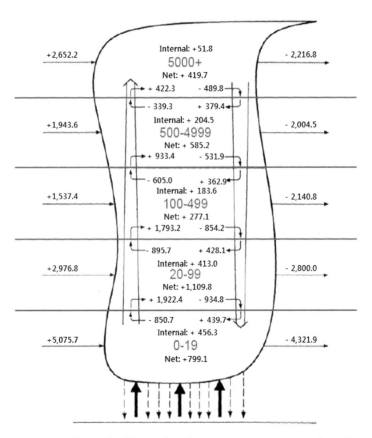

[그림 4-9] **고용 규모별 변화 프로세스**(Job generation process_Complete Flow in the Economic Thundercloud)(**출처**: Birch, 1987)

2. 기업의 생애주기를 고려한 일자리 변화

1) 수도권 기업생애주기 기반 통계모델 개발

이 단락에서 소개할 수도권 기업통계모델은 기업의 생애주기를 성장과 쇠퇴, 생성과 소멸의 두 가지 하위모델로 구성되는 비공간 시뮬레이션 모델이다. 기업통계의 변화는 기업의 성장 또는 쇠퇴, 생성 또는 소멸의 확률을 사용한다. 기업의 성장 또는 쇠퇴에 대한 가능성은 확률밀도 함수의 최대우도방법으로 도출하였다. 기업의 생성 또는 소멸에 대한 확률은 선형회귀모델을 이용하였다. 외부영향 요인은 지역별 GRDP와 산업의 구조변화를 사용하였다. 각 하위모델에 대한 구성과 과정은 다음과 같다.

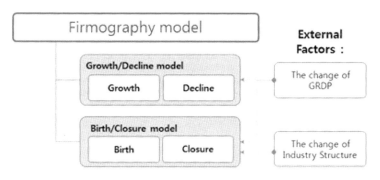

[그림 4-10] 수도권 기업통계모형 구성(출처, 안영수, 2013)

수도권 기업통계모형은 GRDP의 변화는 각 하위모델에 모두 영향을 미치지만, 산업의 구조변화는 오직 기업의 생성과 소멸모델에만 영향을 미치는 구조를 갖는다. 각 모델을 구성하는 분석과정은 3단계로 이루어졌다. 첫째, GRDP와 수도권 기업 수, 일자리 수의 변화에 대한 시계열 데이터를 분석하고, 이를 사용하여 회귀함수를 도출하는 것이다. 둘째, 직원규모나 기업연령의 기업통계적 특성을 도출하고, 이에 대한 추세함수를 도출한다. 셋째, 추세함수를 이용해서 생성과 소멸, 성장과 쇠퇴에 대한 확률을 산출한다.

적용된 가중치에 대한 선형회귀함수에 대한 결과는 [표 4-7]에 나와 있다. 수도권의 2004년부터 2009년까지 데이터는 회귀함수를 구축하는 데 사용하였다. 모델의 설명력은 매우 높았으나, 그 결과는 서비스 기업의 생성과 제조업 회사의 소멸에 대해서는 유의하지 않았다. 이는 짧은 분석 기간에 의한 것으로 후속연구에서 보완이 필요하다.

[표 4-7] 기업 생성과 소멸 모형에 대한 선형회귀분석 결과

구분	산업		Unstandardized coefficient		Std. coefficients	t	Sig.
			B	Std. error			
생성	서비스	Const.	4,165,135.4	945,634.3		4.405	.022
		GRDP	-2,993,366.9	2,823,815.4	-.255	-1.060	.367
		산업구조	-5,003,408.1	1,212,072.9	-.991	-4.128	.026
	제조업	Const.	-83,101.6	31,708.9		-2.621	.079
		GRDP	184,089.1	262,345.0	.172	.702	.533
		산업구조	1,101,537.7	319,842.8	.843	3.444	.041
소멸	서비스	Const.	4,152,061.5	1,636,493.9		2.537	.085
		GRDP	-4,397,898.4	4,886,832.7	-.331	-.900	.434
		산업구조	-4,989,306.2	2,097,586.6	-.876	-2.379	.098
	제조업	Const.	-25,002.1	40,106.8		-.623	.577
		GRDP	42,094.2	66,365.1	.277	.634	.571
		산업구조	930,939.9	728,192.3	.559	1.278	.291

[그림 4-11]은 고용자 수에 따른 기업의 생성과 소멸 빈도를 보여준다. [그림 4-11]에서 대부분의 확실한 생성은 고용자 수 0명에서 빈도가 높았으며, 고용자 수가 증가함에 따라 빈도는 급격히 감소했다. 고용규모 3~6명 사이에서의 기업의 소멸빈도가 가장 높았고, 이후 더 많은 또는 그 이하의 고용규모에서 급격히 감소하였다. 이는 생성기업의 빈도와 차이가 있었으며, 이는 고용규모별로 모형의 확률값이 달라져야 함을 의미한다. [표 4-8]은 2006년부터 2008년까지 관찰된 출생률과 출산휴가율을 보여준다. [그림 4-11]의 추세 함수를 사용하여, 고용규모별 계산된 비율은 [표 4-8]과 같다.

[표 4-8] 고용규모별 생성과 소멸 기업의 수와 비율(2006)

구분		Total	0	1-4	5-9	10-19	20-49	50-99	100-299	300-499	500-999	1000 over
생성	수	18,336	13,533	1,932	1,196	913	555	120	66	7	11	3
	비율(%)	100.00	73.81	10.54	6.52	4.98	3.03	0.65	0.36	0.04	0.06	0.02
소멸	수	14,584	302	3,731	5,625	2,764	1,618	338	170	21	8	7
	비율(%)	100.00	1.72	38.28	31.99	15.72	9.20	1.92	0.97	0.12	0.05	0.04

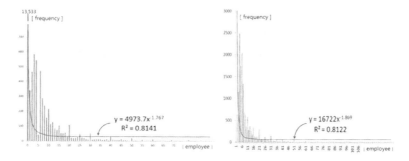

[그림 4-11] 생성기업(좌)과 소멸기업(우)의 고용규모별 빈도와 추세함수

[표 4-8]에서 우리는 동일한 기준을 사용하여 고용규모를 통계청의 기준과 동일하게 구분하고, 고용자 수 '0'의 고용규모는 직원이 없는 1인 기업으로 해석하였다. 생성된 기업 수는 18,336개 기업이고 총 고용은 73,459명(소유주 제외)이다. 평균 생성기업의 고용규모는 4.01명이다. 소멸하는 기업의 총 수는 14,584개이며, 총 고용은 172,552명(소유주 제외)이다. 총 고용의 차이는 약 10만 명이지만, 이 연구에서 각 고용규모의 비율이 중요하기 때문에 이는 문제가 되

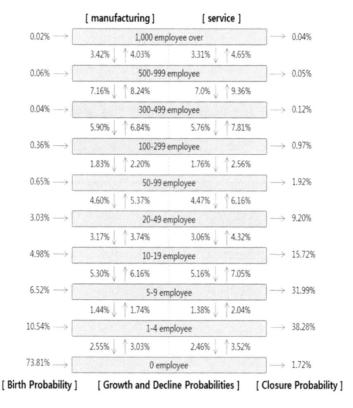

[그림 4-12] 고용규모별 기업통계모델

지 않는다. 소멸기업의 평균고용은 생성기업의 평균보다 11.83명 더 많았다. 또한, 100명 이상의 직원을 보유하고 있는 새로 설립된 기업들은 회사명을 바꾸는 것 때문일 수도 있다. 비록 그 기업들이 실제 신생기업은 아니지만, 통계수치는 이러한 회사를 새로운 회사로 포함한다. 그러나 이 표준은 소멸기업에도 동일하게 적용된다. [표 4-8]의 고용규모별 비율은 [그림 4-12](왼쪽과 오른쪽의 수평 화살표)에 그래프로 표시되어 있다.

2) 수도권 일자리 수 변화에 대한 예측 결과

본 연구에서는 과거 시계열 데이터를 사용하여 SMA의 기업통계를 구성했다. 간단 시뮬레이션은 2005년부터 2010년까지의 데이터에 기반했다. 추정값을 실제값과 비교하여 구축된 기업통계모델의 유효성을 확인하였다. 성장과 쇠퇴 하위모델은 2010년까지 시뮬레이션되었다. 이후, 고용 크기별 고용 전환 확률을 시뮬레이션한 결과를 실제 고용전환 확률과 비교했다([그림 4-13] 참조). 서비스 산업에서 일부 성장 및 감소 가능성은 유사했다. 예를 들어, 1,000개 이상, 100~299개 이상의 고용규모와 50~99, 10~19, 0개 감소 고용크기 등이 그것이다. 그러나 일부 고용규모의 경우 추정확률과 실제확률의 차이는 컸다. 예를 들어, 300~499, 50~99, 10~19 성장 고용크기, 500~99, 100~299, 감소하는 1~4 고용크기였다. 제조업에서, 추정확률과 실제확률의 차이는 서비스 산업, 특히 대부분의 고용규모 범주에서 감소하는 확률에 비해 더 작다.

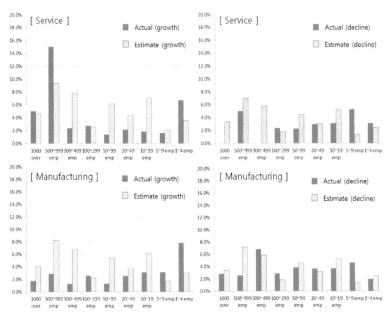

[그림 4-13] 제조업과 서비스업 기업의 성장과 쇠퇴 확률에 대한
추정값과 실제값 비교(2005~2009)

　　기업생성과 소멸 하위모델은 2009년까지 시뮬레이션되었다. 추정
된 생성 기업 수와 소멸 기업 수는 실제값과 비교하였다. 서비스업은
2008년까지 생성과 소멸 기업 수에 대한 추정값과 실제값이 유사함
을 검증하였다. 그러나 2009년에는 그 차이가 컸다. 기업의 생성 수
차이는 약 32,000개이며, 소멸의 차이는 약 34,000개 기업이었다([그
림 4-14] 참조). 제조산업에서 기업의 생성에 있어서 그 차이는 2009
년까지 점차적으로 증가하였다. 제조업기업의 추정값은 2007년까지
실제값과 비슷했다. 그러나 2008년에 실제값은 추정값보다 더 컸다.
개별기업에 대한 시계열 데이터 구축의 한계로 시뮬레이션 기간이
너무 짧아 한계가 있지만, 향후 데이터 보완을 통해 개선될 수 있다.

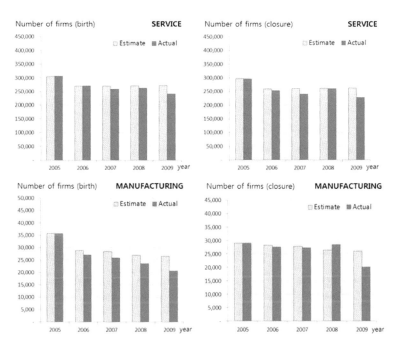

[그림 4-14] 제조업과 서비스업 기업의 생성과 소멸에 대한 추정값과 실제값 비교

3) 연구의 의의와 시사점

이 연구의 목적은 기업의 생애주기에 기초한 장기 기업통계 모델의 개발 및 검증이었다. 본 연구는 수도권을 대상으로 하였으며, 제조업과 서비스업을 선택하였다. 또한, 이 모델은 특정 기업에 대한 기업통계모델의 특성을 적용하기 위해 기업의 인력 규모와 나이를 고려했다. 이는 이전 연구와의 큰 차이점으로 볼 수 있다. 2005년과 2009년 사이에 대한 시뮬레이션 결과는 기업의 생성 수와 소멸 수의 실제값과 비교하여 검증하였다. 2008년을 제외한 결과는 2008년을 제외하고 실제값과 비슷하였다. 2008년은 국제금

융위기가 발생했기 때문에 제외되었다. 이 연구의 의의를 요약하면 다음과 같다.

첫째, 이 연구에서 개발한 모델은 기업의 생성, 성장, 쇠퇴와 소멸과 같은 기업의 생애주기의 조합으로 구성된 비공간적 통계모델로 이는 기존 연구와 큰 차별성을 갖는다. 각 업종별 기업 총량 또는 고용총량에 대한 연구는 오랫동안 연구되었으나, 본 연구에서는 기업의 생애주기를 출생, 성장, 쇠퇴, 폐업 등 4가지 유형으로 구분하였다. 이후 이 연구는 기업의 출생, 폐업, 성장과 쇠퇴와 이들의 결합에 대한 통계적 모델을 개발했다. 둘째, 본 연구는 기업 고용규모를 10가지 유형으로 나누고, 고용규모별로 기업생애주기에 대한 집계 데이터를 바탕으로 기업통계모델을 개발했다. 이는 각 기업의 장기 예측을 위한 마이크로 시뮬레이션 모델의 한계를 보완하는 방법이 될 수 있다. 마지막으로, 이 연구는 고용규모별 집계 데이터를 기반으로 한 기업의 비공간적 변화에 초점을 맞추었지만, 이 모델을 기업의 입지나 이전과 같은 기업의 공간적 변화에 대한 모델과 결합한다면, 이 결합은 집계된 데이터에 기반한 기업의 변화에 대한 장기적인 예측 모델에 대한 좋은 대안이 될 수 있다.

이 연구는 기업의 입지나 이전과 같은 공간적 변화를 포함하지 않는다. 유럽에서 이미 개발된 모델에서는 기업의 통계적 변화모델과 입지변화모델을 모두 포함하여 사용되고 있으며, 이에 대한 후속 연구가 필요하다. 또한, 이 기업통계모델에 기초한 장기 기업통계변화 시뮬레이션의 결과는 특정 도시의 기업 수의 증가 또는 감소를 예측함으로써 도시 산업, 토지 이용 및 직업 정책을 지원할 수 있다. 이는 다양한 고용과 산업 정책을 수립하는 데 도움을 줄 수 있다. 예를 들어, 기업의 고용규모를 기준으로 한 장기예측의 결과는 새로운 산업단지나 대형 사무실 건물에 대한 계획을 수립할 때 도움이 될 수 있다. 마찬가지로, 그 결과는 지방정부가 기업의 지역 내 일자리 늘리기 위한 정책을 만들 때 유용할 것이다.

□ 참고문헌

● 국내문헌

∘ 단행본

- 대한국토·도시계획학회, 2012, 국토 및 지역계획론, 서울: 보성각.
- 한국개발연구원, 2008, 「수도권 공간구조와 통근통행의 효율성」.
- 이희연·노승철, 2013, 고급통계분석론, 고양: 문우사.
- 이은국과 노승용, 2010, 사회과학통계입문, 다산출판사.
- 한국개발연구원, 2008, 「수도권 공간구조와 통근통행의 효율성」.

∘ 논문

김감영, 2011, GWR와 공간 군집 분석 기법을 이용한 중심지 식별: 대구광역
　　　시를 사례로, 「한국도시지리학회지」, 14(3), pp.73-86.

김광익, 2009, 서울대도시권의 통근권 변화 특성, 「국토지리학회지」, 43(4),
　　　pp.571-586.

김경민, 박정수, 2009, 서울 오피스 시장의 임대료 조정 메커니즘: 자연공실
　　　률과 실질임대료 관계를 중심으로, 「국토연구」, 62, pp.223-233.

김경민, 김준형, 2010, 연립방정식을 활용한 오피스시장 예측모형, 「국토계획」,
　　　45(7), pp.21-29.

김상수·안상현·신영철·김홍태, 2008, 대전광역시 중심지 위계 변화 분석,
　　　「한국지리정보학회지」, 11(3), pp.23-33.

김상문, 2011, 생존분석을 이용한 중소기업 부실예측과 생존시간 추정, 중소
　　　기업금융연구, 신용보증기금, 서울.

김승남, 2009, 압축도시 공간구조 특성이 교통에너지 소비와 대기오염 농도
　　　에 미치는 영향, 「국토계획」 44(2): 231-246.

김의준, 김용환, 2006, 서울시 오피스 임대료 결정요인의 변화분석, 「지역연
　　　구」, 22(2), pp.79-96.

김재익·권진휘, 2013, 수도권 통근통행의 공간적 변화와 직주분리수준의 분
　　　석, 「교통연구」, 20(4), pp.79-90.

김창석, 1998, 서울시 도심부 공간구조의 변천에 관한 연구, 「서울학연구」,
　　　10, pp.191-227.

김창석·우명제., 2000, 서울시 중심지 설정과 중심지 특성에 관한 연구, 「국토계획」, 35(1), pp.17-29.

김헌민, 1988, 서울시의 고용중심지에 대한 연구, 「사회과학연구논총2」, pp.51-65.

김혜천, 2002, 대도시 중심지체계의 인식과 경험적 적용에 관한 연구, 「도시행정학보」, 15(3), pp.48-50.

남기찬, 2008, 인구압축도와 교통에너지와의 관계 연구: 압축지표를 활용하여, 「국토계획」, 43(2), pp.155-166.

남기찬·임업, 2009, 비모수적 방법을 활용한 서울시 인구 및 고용밀도영향 중심지의 확인과 상호관계 파악, 「국토연구」, 63, pp.91-106.

도화용, 이용택, 2008, 이항 로짓 모형을 이용한 수도권 기업의 재입지 선택에 대한 실증분석, 「서울도시연구」, 9(4), pp.131-144.

문남철, 2006, 수도권기업 지방이전 정책과 이전기업의 공간적 패턴, 「지리학연구」, 40(3), pp.353-366.

백태경, 최정미, 2006, GIS DB를 이용한 상업·업무시설의 입지 포텐셜 분석, 「한국지리정보학회지」, 9(1), pp.149-157.

서주옥·김도년·이성창, 2017, 건축물 연면적 현황과 도시기본계획의 중심지와의 비교 분석을 통한 물리적 중심지 검증 연구, 「한국도시설계학회지 도시설계」, 18(1), pp.105-114.

성효종, 2000, 기업성장률과 규모 및 나이에 관한 실증연구: 한국제조업체를 대상으로, 「산업조직연구」, 8(2), pp.71-85.

성현곤, 추상호, 2010, 근린생활권 단위의 압축도시개발이 통행수단 분담률과 자족성에 미치는 효과분석, 「국토계획」, 45(1), pp.155-169.

손승호, 2007, 서울대도시권의 공간상호작용 변화와 시공간패턴, 「대한지리학회지」, 42(3), pp.421-433.

손정렬, 2011, 새로운 도시정상 모형으로서의 네트워크 도시-형성과정, 공간구조, 관리 및 성장전망에 대한 연구 동향, 「대한지리학회지」, 46(2), pp.181-196.

송기욱, 남진, 2009, 압축형 도시특성요소가 교통에너지 소비에 미치는 영향에 관한 실증분석, 「국토계획」, 45(5), pp.193-206.

송미령, 1998, 서울 대도시권의 도시공간구조와 초과통근, 「국토계획」, 33(1), pp.57-75.

안영수, 장성만, 이승일, 2012, GIS 네트워크분석을 활용한 도시철도역 주변지역 상업시설 입지분포패턴 추정연구, 「국토계획」, 47(1), pp.199-213.

오동훈, 2000, 규범적 상업입지이론으로서의 중심지이론과 중심성 측정에 관한 소고, 「도시행정학보」, 12, pp.235-249.

오병록, 2015, 실제 통행에 기반한 생활권 범위 설정과 적용, 「인천학연구」, 23, pp.219-248.

옥석문·이명훈, 2008, 중심지 체계설정 및 변화과정에 관한 연구, 「도시행정학보」, 21(1), pp.107-125.

유강민, 이창무, 2012, 서울시 오피스 임대시장의 공실률과 임대료의 상호결정구조 분석, 「부동산학연구」, 18(2), pp.91-102.

윤정미·박상철, 2005, 인천시의 효율적인 도시물류정비를 위한 화물물동량 및 화물차의 유동특성분석, 「한국지리정보학회지」, 8(2), pp.166-174.

윤철현·김주석·박봉진, 2003, 부산시 상업기능 집적 특성과 상업중심지 계층변화 연구, 「도시행정학보」, 16(2), pp.1-25.

이승일, 2000, 교통발생저감을 위한 환경친화적 도시공간구조 연구: 광주대도시권을 중심으로, 「국토계획」, 35(6), pp.21-33.

이승일, 2004, GIS를 이용한 수도권 지하철 광역 접근도 분석연구, 「국토계획」, 39(3), pp.261-275.

이승일, 2010, 저탄소에너지절약도시 구현을 위한 우리나라 대도시의 토지이용-교통모델 개발방향, 「국토계획」, 45(1), pp.265-281.

이승일 외, 2011, 토지이용-교통 통합모델의 개발과 운영, 「도시정보」, 356, pp.3-17.

이시룡, 1991, 대구 도심기능의 변화과정에 관한 연구, 박사학위논문, 대구대학교.

이종상, 2000, 유동패턴분석에 있어서 요인분석의 유용성, 「한국지역개발학회지」, 12(2), pp.55-65.

이창로·박기호, 2013, 인근지역 범위 설정이 공간회귀모형 적합에 미치는 영향, 「대한지리학회지」, 48(6), pp.978-993.

이창수, 1992, 서울시 상업지역의 계층구조와 유형 분석에 관한 연구, 박사학위논문, 서울대학교.

이태규·최재필, 2017, 창동, 상계 신경제중심지 프로젝트가 주변 도시공간의 보행통행량에 미치는 영향, 「대한건축학회 논문집-계획계」, 33(6), pp.23-30.

이한일, 이번송, 2002, 수도권 내 이전제조업체의 입지결정요인분석, 「국토계획」, 37(7), pp.103-166.

이현주, 이승헌, 2004, 경기도 접경지역의 경제구조변화와 기업의 입지특성, 「한국경제지리학회지」, 7(2), pp.203-225.

이희연, 심재헌, 2006, 도시성장에 따른 공간구조 변화 측정에 관한 연구: 용
    인시를 사례로, 「한국도시지리학회지」, 9(2), pp.15-29.

이희연, 2007, 지속가능한 도시개발을 위한 계획지원시스템의 구축과 활용에
    관한 연구, 「대한지리학회지」, 42(1), pp.133-155.

임영식・이창수, 2016, 서울시 중심지 설정에 관한 연구, 「국토연구」, 91,
    pp.109-124.

전명진, 1995, 다핵밀도경사모형을 이용한 서울 대도시권의 도시공간구조분
    석, 「국토계획」, 30(4), pp.285-294.

전명진, 2003, 비모수적 방법을 통한 서울의 고용중심지 변화 분석, 「국토계
    획」, 38(3), pp.69-83.

정대영・김상수・김계현, 2009, GIS를 이용한 지가분포특성에 따른 중심지
    분석, 「한국지형공간정보학회지」, 17(3), pp.65-70.

정윤영・문태헌, 2014, 유동인구 자료를 이용한 서울시 도시공간구조 분석
    연구, 「한국지역개발학회지」, 26(3), pp.139-158.

조대헌, 2011, 유동 패턴 분석 방법으로서의 요인분석에 대한 비판적 검토,
    「한국지도학회지」, 11(1), pp.33-46.

최막중・지규현, 1997, 다핵화 정책에 의한 직주근접 효과의 규범적 평가,
    「국토계획」, 32(5), pp.25-37.

최병호, 장영재, 2005, 도시성장의 공간적 격차와 도시규모분포에 관한 실증
    분석, 「경제연구」, 23(4), pp.187-207.

최준영, 오규식, 2010, 수도권 소프트웨어 기업의 입지이전 결정요인 분석,
    「국토계획」, 45(6), pp.161-178.

최열・이재승・김성, 2013, 공간자기상관을 고려한 용도지역이 지역경제에
    미치는 영향 분석, 「국토계획」, 48(4), pp.5-17.

허윤경・이주영, 2009, 울산의 도시공간구조 변화분석, 「국토계획」, 44(2),
    pp.111-121.

● 국외문헌

Anselin, L(1995), Local Indicators of Spatial Association-LISA, 「Geographical
    Analysis」, 27, pp.93-115.

Arefeh Nasri, Lei Zhang(2014), "The Analysis of Transit-Oriented
    Development(TOD) in Washington, D.C. and Baltimore Metropolitan
    Areas." Transport Policy, 32: 172-179.

Brian Stone, Jr., Adam C. Mednick, Tracey Holloway and Scott N.

Spak(2007), "Is Compact Growth Good for Air Quality?," Journal of the American Planning Association, 73(4): 404-418.

Bauer, V., Wegener, M(1975), "Simulation, Evaluation, and Conflict Analysis in Urban Planning", Proceedings of the IEEE, Vol.63, No.3, Germany, pp.405-413.

Carol, H(1960), The Hierarchy of Central Functions within the City, 「Annals of the Association of American Geographers」, pp.430-431.

Erickson, R. A(1980), "Firm Relocation and Site Selection in Suburban Municipalities", Journal of Urban Economics, Vol.8, USA, pp.69-85.

Giulian, G., Small, K. A(1993), "Is the journey to work explained by urban structure?", Urban Studies, Vol.30, No.9, UK.

Giuliano, G., Small, K(1991), Subcenters in the Los Angeles Region, 「Regional Science and Urban Economics」, 21(2), pp.163-182.

Gordon, P., Kumar, A., Richardson, H.W(1989), The Spatial Mismatch Hypothesis: Some New Evidence, 「Urban Economics」, 26, pp.315-326.

Gordon, P., Richardson, H.W., Giuliano, G(1988), Travel Trends in Non-CBD Activity Centers. School of Urban and Regional Planning, USC.

Gordon, P., Richardson, H.W., Wong, H.L(1986), The Distribution of Population and Employment in a Polycentric City: The Case of Los Angeles, 「Environment and Planning」, 18, pp.161-173.

Hyter, R(2004), "The dynamics of industrial location: the factory, the firm and production system, Department of geography", Simon fraser university, Burnaby.

Joachim Scheiner(2010), "Interrelations between Travel Mode Choice and Trip Distance:Trends in Germany 1976-2002", Journal of Transport Geography, 18(1): 75-84

Jovicic, G(2001), "Activity Based Travel Demand Modelling, Denmarks Transport Forkning."

Kuma, S., Kara M. Kockelman(2008), "Tracking the Size, Location and Interactions of Businesses: Microsimulation of Firm Behavior in Austin, Texas", 87th Annual Meeting data of the Transportation Research Board, Washing, D.C.

McDonald, J.F(1987), The Identification of Urban Employment Subcenters, 「Journal of Urban Economics」, 21, pp.242-258.

McDonald, J.F., Prather, P(1994), Suburban employment centers: the case of Chicago, 「Urban Studies」, 31, pp.201-218.

McMillen, D.P(2001), Nonparametric Employment Subcenter Identification, 「Journal of Urban Economics」, 50, pp.448-473.

McCann, P(2001), "Urban and Regional Economics", Oxford University Press, Oxford, pp.74-77.

Moeckel, Rolf et al.(2002), "Microsimulation of urban land use", European Congress of the Regional Science Association, 42nd.

Moeckel, R(2005), "Simulating Firmography", University of Dortmund, Dortmund.

Moeckel, R(2007), "Business Location Decisions and Urban Sprawl", IRPUD, Blaue Reihe 126, Dortmund.

Moeckel, R(2009), "Simulation of firms as a planning support system to limit urban sprawl of job", Environment and Planning B: Planning and Design, Volume.36, London, pp.884-905.

Murphy, R.E., Vance, J.E(1967), Delimiting the CBD. In Urban Research Methods. ed. Gibbs, Jack P. Princeton: D. Van Nostrand Company, pp.187-220.

Newman, P. and Kenworthy, J(1989), "Gasoline Consumption and Cities," Journal of the American Planning Association, 55(1): 24-37.

Narisra Limtanakool · Martin Dijst and Tim Schwanen(2006), "The Influence of Socioeconomic Characteristics, Land Use and Travel Time Considerations on Mode Choice for Medium-and Longer-Distance Trips," Journal of Transport Geography, 14(5): 327-341.

Petter Naess(2003), "Urban Structures and Travel Behaviour. Experiences from Empirical Research in Norway and Denmark", European Journal of Transport and Infrastructure Research, 3(2): 155-178.

Park & Kim(2010), "The firm growth pattern in the restaurant industry: Does gibrat's low hold?", International Journal of Tourism Sciences, Vol.10 No.4, Seoul, pp.49-63.

Pandit, K(1994), Differentiating between subsystems and typologies in the analysis of migration regions: A U.S. example, 「The Professional Geographers」, 46(3), pp.331-345.

Robert A. Johnston. and Caroline j. Rodier(1999), "Synergisms Among

Land Use, Transit, and Travel Pricing Policies", Transportation Research Record, 1670: 3-7.

Small, K., Song, S(1994), Population and employment densities: Structure and Change, 「Journal of Urban Economics」, 36, pp.292-313.

Stephen Marshall, David Banister(2000), "Travel Reduction Strategies: Intentions and Outcomes", Transportation Research Part A, 34: 321-338.

Simmonds, D.(2010), "The Impact of Transport Policy on Residential Location", in Residential Location Choice: Models and Applications (Pagliara, F., Preston J. and Jae Hong Kim), Springer, Velag Berlin Heidelberg, pp.115-136.

Sutton, J.(1997), "Gibrat's Legacy", Journal of Economic Literature, Vol.35. USA.

Taherdoost, H.A.M.E.D., Sahibuddin, S.H.A.M.S.U.L., Jalaliyoon, N.E.D.A. (2014), Exploratory factor analysis; concepts and theory. Advances in Pure and Applied Mathematics.

Tim Schewanen, Martin Dijst and Frans M. Dieleman(2004), "Policies for Urban Form and their Impact on Travel The Netherlands Experience", Urban Studies, 41(3): 579-603.

Youngsoo, An et al.(2012), "An Analysis on Firm Relocation Choice Using Binary Logit Model in the Seoul Metropolitan Area(SMA)", 2012 ISCP, Taipei.

Wegener, M.(1994), "Operational Urban Models: State of Art", Journal of the American Planning Association, Vol.60, Issue.1, pp.17-29.

Wegener, M.(2013), "Employment and Labour in Urban Markets in the IRPUD Model", Employment Location in Cities and Regions, Advances in Spatial Science Chapter2, Springer, Dortmund, pp.11-31.

제5장

결론

급속한 사회경제적 변화를 경험하고 있는 우리나라에서 여가활동에 대한 관심은 주5일제의 전면적인 시행과 함께 지속적으로 확장되고 있다. 그러나 그동안 여가활동과 관련한 연구들은 단편적인 수요예측 분석 방법에 의존하였다. 급변하는 경제·사회적 변화에 따른 여가수요에 대응하기 위해서는 주거, 일자리 등 여가활동의 발생과 관련한 도시활동 패턴에 대한 융복합적 연구가 수행될 필요가 있으며, 이를 통한 장기적 도시통행에 대한 예측과 연계함으로써 지속가능한 발전이라는 전 지구적이자 국가적 차원의 정책목표를 달성하기 위한 수단이 될 수 있다.

본서는 급격한 사회변화와 함께 증가하는 여가활동에 대해 가구구조 변화, 기업통계의 통합적 연계를 통한 융합학문으로서의 여가연구에 새로운 이론체계를 제시하고자 하였다. 이를 위하여 총 세 부분 걸쳐, 학제 간 연구로서 여가활동 연구, 주거지 기반의 여가활동, 일자리 기반의 여가활동으로 살펴보았다. 첫째, 학제 간 연구로서 여가활동 부문에서는 행태적 관점에서 본 여가활동 연구에 대해 여가활동과 관련된 자료와 그 활용성을 검토하였다. 그리고 여가활동이 의사결정과정이라는 관점에서 여가활동 선택 관련 이론 및 선호 관련 이론을 검토하였으며, 이를 통해 동태적 변화를 고려한 여가활동 특성을 파악하기 위한 방법론으로서 빅데이터를 활용한 여가활동을 제시하였다. 둘째, 주거지 기반의 여가활동 부문에서는 연령별 여가활동 발생의 특성, 연령계층별 여가활동 목적지 선택에 대해서 각각 실증분식을 통해 그 특성들을 파악하였다. 그리고 여가활동과 관련된 통행수단에 대해서 교통수단별 교통비용 지출패턴을 분석하였으며, 구조방정식 모형을 적용하여 여가활동 통행수단에 대한 실증분석결과를 제시하였다. 셋째, 일자리 기반의 여가활동 부문에서는 도시공간구조와 통행 및 거리, 기업 생애주기에 기반한 여가통행 목적지의 변화를 파악하였다. 특히 수도권 광역 중심지 위계와 통행과의 관계를 통해 목적지 중심의 여가통행 특성을 파악하고자 하였다.

본서를 통해 제시된 여가와 주거·일자리를 통합 연계한 여가활동 통계모형은 가구/기업의 동태적 변화에 기반하여 개인의 여가활동모형을 제시한 것으로 도시활동을 주체의 속성 변화에 따른 여가활동의 동태적 변화를 이해하는데 새로운 접근방식을 제시하였다. 또한, 토지이용 특성과 도시활동의 잠재력을 중심으로 여가·쇼핑·기타 목적통행의 발생과 목적지 선택에서의 영향요인 차이를 실증적으로 분석함으로써 장래 주거지 기반의 여가·쇼핑·기타 활동에 대한 통계모형을 구축함으로써, 장기적인 여가활동 통계를 추정할 수 있는 단초를 제공하였다. 제안된 모형은 여가활동과 관련한 통행 발생과 활동의 범위를 정의하는 목적지 선택을 예측할 수 있는 것으로, 도시 내에서 그 역할과 중요성이 증대되고 있는 여가활동을 고려한 도시 및 지역계획 수립에 활용할 수 있을 것으로 기대된다. 본서에서 제시된 모형을 통해 기존 사업체 총량의 변화만 분석하였던 국내 연구의 수준을 기업의 생애주기를 고려한 지역별 기업 수, 일자리 수 등으로 보다 구체적인 분석을 가능하게 하였으며, 또한 미래 시점을 대상으로 변화되는 기업통계를 추정할 수 있다.

장윤정

장윤정은 서울시립대학교에서 도시공학 박사학위를 받았으며, 현재 서울시립대학교 도시공학과 연구교수로 재직 중이다. 서울시립대학교 학교기업 시공간분석연구소의 부소장으로도 활동하고 있으며 여가 및 쇼핑 활동 등과 같은 비일상 통행행태, 빅데이터 기반 도시공간 분석, 예측기반 도시모델링이 주요 연구주제로, 현재는 블록체인 기술에 대한 도시 분야 적용에 관심을 두고 연구를 진행하고 있다.

이창효

2012년 서울시립대학교에서 도시공학 박사학위를 받았고, 동 대학 도시공학과 연구교수를 거쳐 현재 국립 한밭대학교 도시공학과 교수로 재직 중에 있다. 주요 연구분야는 도시에서 발생하는 활동과 공간의 장기적 변화에 대한 예측이다. 주거지와 관련한 도시민의 입지선택과 활동 패턴, 주거환경의 평가 및 그로 인한 도시공간구조의 변화에 대한 연구를 수행하며 40여 편의 논문을 국내외 저널에 게재하였다.

안영수

안영수는 서울시립대학교에서 도시공학 박사학위를 받았으며, 영국 케임브리지대학에서 방문학자로 협업연구를 하였다. 이후 현재 서울시립대학교 도시공학과 연구교수로 재직 중이며, 학교기업 시공간분석연구소의 부소장(연구부문)으로 역임 중이다. 도시공간구조변화, 산업구조변화, 일자리 수변화, 유동인구변화, 마이크로 시뮬레이션, 등의 키워드를 중심으로 다수의 국내외 논문을 게재하였으며, 현재는 한국형 상권분석모델 개발에 매진하고 있다.

여가와 주거,
일자리를
통합 연계한
여가활동
통계

초판인쇄 2019년 6월 10일
초판발행 2019년 6월 10일

지은이   장윤정·이창효·안영수
펴낸이   채종준
펴낸곳   한국학술정보㈜
주소   경기도 파주시 회동길 230(문발동)
전화   031) 908-3181(대표)
팩스   031) 908-3189
홈페이지 http://ebook.kstudy.com
전자우편 출판사업부 publish@kstudy.com
등록   제일산-115호(2000. 6. 19)

ISBN   978-89-268-8836-0 93310